EUL VERLAG

# EINZELSCHRIFTEN

Tobias Helbig und Andreas Mockenhaupt
**Innovationsmanagement im technischen Vertrieb**
Lohmar – Köln 2009 ◆ 148 S. ◆ € 43,- (D) ◆ ISBN 978-3-89936-841-3

Jochem Müller und Ulrich W. M. Sauter
**Intuitives Controlling** – Ein neuer Ansatz der Unternehmenssteuerung
Lohmar – Köln 2009 ◆ 124 S. ◆ € 29,- (D) ◆ Hardcover ◆ ISBN 978-3-89936-842-0

Zhanping Cheng
**Value-Based Management of Supplier Relationships and Supply Contracts** – Quantitative Modeling, Valuation and Portfolio Optimization Based on Financial Investment Theories
Lohmar – Köln 2009 ◆ 200 S. ◆ € 49,- (D) ◆ ISBN 978-3-89936-845-1

Hüseyin Kaya
**Mantelkauf und fiskalische (Über-)Reaktion**
Lohmar – Köln 2009 ◆ 172 S. ◆ € 47,- (D) ◆ ISBN 978-3-89936-846-8

Oliver Abert
**AUGENBLICK** – Ein effizientes Framework für Echtzeit Ray Tracing
Lohmar – Köln 2009 ◆ 332 S. ◆ € 63,- (D) ◆ ISBN 978-3-89936-847-5

Farhad Khakzad
**Die Bedeutung von Financial Covenants in der internationalen Finanzkrise**
Lohmar – Köln 2009 ◆ 84 S. ◆ € 37,- (D) ◆ ISBN 978-3-89936-848-2

Gregor Schulte
**Unternehmensübergreifende Produktionsplanung** – Koordination in Unternehmensnetzwerken mit Hilfe variabler Optimierungszentren
Lohmar – Köln 2009 ◆ 224 S. ◆ € 55,- (D) ◆ ISBN 978-3-89936-849-9

Andreas Menneken
**Ein Vertriebskonzept für Drahterzeugnisse am französischen Markt**
Lohmar – Köln 2009 ◆ 156 S. ◆ € 47,- (D) ◆ ISBN 978-3-89936-851-2

Andreas Menneken

# Ein Vertriebskonzept für Drahterzeugnisse am französischen Markt

EUL VERLAG

**Bibliografische Information der Deutschen Nationalbibliothek**

Die Deutsche Nationalbibliothek verzeichnet diese Publikation in der Deutschen Nationalbibliografie; detaillierte bibliografische Daten sind im Internet über <http://dnb.d-nb.de> abrufbar.

ISBN 978-3-89936-851-2
1. Auflage Oktober 2009



JOSEF EUL VERLAG GmbH
Brandsberg 6
53797 Lohmar
Tel.: 0 22 05 / 90 10 6-6
Fax: 0 22 05 / 90 10 6-88
E-Mail: info@eul-verlag.de
http://www.eul-verlag.de

**Bei der Herstellung unserer Bücher möchten wir die Umwelt schonen. Dieses Buch ist daher auf säurefreiem, 100% chlorfrei gebleichtem, alterungsbeständigem Papier nach DIN 6738 gedruckt.**

## Vorwort

Im vorliegenden Buch gilt es aufzuzeigen, wie es der Firma best gmbh marketing services möglich ist mit seinen Marken Medra, Neckardraht und Baustahlgewebe auf dem französische Markt für Drahterzeugnisse Fußzufassen. Weiterhin sollen die Maschinen in Deutschland ausgelastet werden, um so eine Fixkostendegression zu erzielen. Ausgehend von einer Analyse der Marktbedingungen je Produktgruppe werden produktspezifische Vertriebskonzepte abgeleitet. Diese dienen im Nachgang zum einen zur Entscheidungsfindung über einen Markteintritt und zum anderen, bei einer positiven Entscheidung, zur besseren Marktbearbeitung durch den Vertrieb.

Ich möchte mich an dieser Stelle ganz herzlich für die zahlreiche Unterstützung bedanken. Ganz besonders danke ich Herrn Prof. Dr. Peter Schmidt-Endrullis von der Hochschule Albstadt-Sigmaringen. In unseren Gesprächen erhielt ich wertvolle Hinweise und Anregungen, die das Ergebnis der Arbeit verbesserten. Auch meinem Unternehmensbetreuer Michael E. Feiss und meinem damaligen Chef Florian Glück sei herzlich für ihre Unterstützung gedankt.

Des Weiteren möchte ich mich bei der ganzen Vertriebsmannschaft der Firma best gmbh marketing services bedanken, die mir bei meinen Recherchen und Fragen immer tatkräftig zur Seite standen.

Mein Dank gilt auch meiner Familie und meinen Freunden für die Unterstützung und ihr Verständnis.

Andreas Menneken

Inhaltsverzeichnis

**Abbildungsverzeichnis**

**Tabellenverzeichnis**

## Abkürzungsverzeichnis

| | |
|---|---|
| Abb. | Abbildung |
| AG | Aktiengesellschaft |
| Anm. d. Hrsg. | Anmerkung des Herausgebers |
| B2B. | Business-to-Business |
| B2C | Business-to-Consumer |
| Bspw. | Beispielsweise |
| bzw. | Beziehungsweise |
| ca. | circa |
| C-Gehalt | Kohlenstoffgehalt |
| Cr-Gehalt | Chromgehalt |
| DB | Deutsche Bahn |
| d. h. | das heißt |
| DWI | Drahtwerk St. Ingbert |
| etc. | et cetera |
| evtl. | Eventuell |
| f. | Folgende |
| ff. | Fortfolgend |
| F&E | Forschung & Entwicklung |
| ggf. | Gegebenenfalls |
| GSA | Grandes Surfaces Alimentaires |
| GSB | Grandes Surfaces de Bricolage |
| Hrsg. | Herausgeber |
| INSEE | Institut national de la statistique et des études économiques |
| Jardineries | Blumengroßhandel |
| LKW | Lastkraftwagen |

| | |
|---|---|
| LISA | Libre Service Agricole |
| PE | Polyethylen |
| PKW | Personenkraftwagen |
| RAL | Reichs-Ausschuss für Lieferbedingungen |
| S.A: | Société Anonyme |
| S.A.S. | Société Anonyme Simple Moyens |
| SNTN | Société Nouvelle de Tréfilerie Normande |
| to | Tonnen |
| vgl. | vergleiche |
| WDI | Westfälische Drahtindustrie |
| z. B. | zum Beispiel |

# 1. Einleitung

Die *best gmbh marketing services* gehört der Gruppe der Unternehmensdienstleister an und wickelt ihre Geschäfte im Business-to-Business Bereich ab. Das Unternehmen hat zum 01.01.2005 seinen Geschäftsbetrieb aufgenommen und beschäftigt 55 Mitarbeiter, welche sich auf die Zentrale in Eberbach am Neckar, die Vertriebsbüros in Dinkelscherben, Glaubitz, Lübbecke und das Export Department in Kehl verteilen.

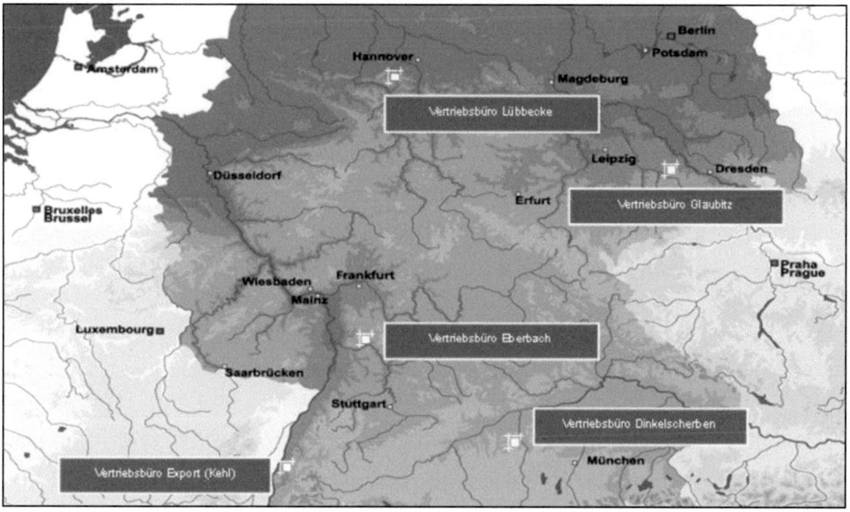


**Abb. 1:** Karte der Vertriebsbüros (Quelle: Präsentation best Export vom 31.01.06)

Das junge Unternehmen bietet engagiertes, kompetentes und modernes Marketing für den Mittelstand. Zu seinem Kundenkreis gehören namhafte Unternehmen aus der Stahl-, Draht- und Bauindustrie, für welche es die Organisation von Marketingaktivitäten und den Vertrieb der Produkte übernimmt. Bei allen Aktivitäten stehen Marktorientierung sowie die im Sinne der Unternehmensziele optimale Gestaltung von Kundenbeziehungen im Vordergrund. Eine ganzheitliche Betrachtung des Wertschöpfungsprozesses garantiert eine auf Dauer erfolgreiche Zusammenarbeit und zudem eine maximale Ausschöpfung des Nutzens aller am Prozess beteiligter Personen.[1]

[1] Vgl. http://www.best-gmbh.net/surface/home.php?index=unternehmen&usrLng=1&b=2 [Stand: 20.03.2006]

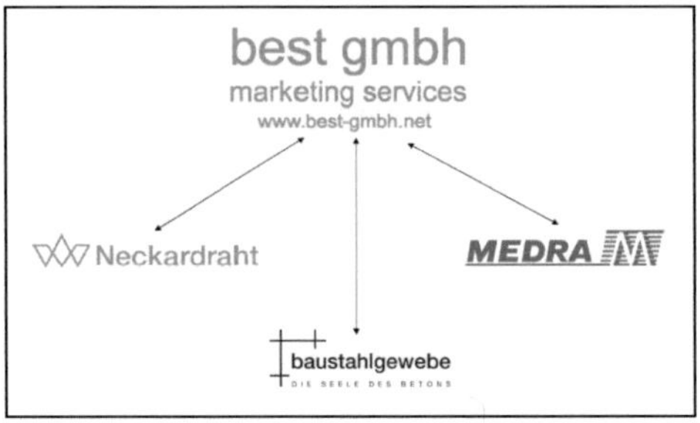


**Abb. 2:** Beziehungsgeflecht der best gmbh (Quelle: Präsentation vom 06.03.2006)

Die *best gmbh marketing services* als Dienstleister betreut zurzeit die Unternehmen bzw. Marken *Baustahlgewebe* mit dem Hauptproduktionsstandort in Kehl am Rhein (Bewehrungsprodukte) und weiteren sieben Werken, *Neckardraht* mit Produktionsstandort in Eberbach (Drahterzeugnisse, Fein-/Sondergitter) und *Medra* mit Produktionsstandort in Brandenburg (Bandstahl, Fabrikations- und Kaltstauchdraht).

Unter einer Marke wird *„ein in der Psyche der Konsumenten verankertes, unverwechselbares Vorstellungsbild von einem Produkt oder einer Dienstleistung verstanden. Die zugrunde liegende markierte Leistung wird dabei einem möglichst großen Absatzraum über einen längeren Zeitraum in gleichartigem Auftritt und in gleich bleibender oder verbesserter Qualität angeboten“*[2]. Die Betreuung der verschiedenen Marken bringt einige Vorteile für die am Prozess Beteiligten mit sich. So hat die *best gmbh marketing services* die Möglichkeit einer differenzierten Marktbearbeitung und somit auch einer zielgruppenspezifischen Bedienung einzelner Märkte. Das Ziel muss sein, die verschiedenen Marken so am Markt zu positionieren, dass *„bestimmte Produkteigenschaften sowohl eine dominierende Stellung in der Psyche der Konsumenten als auch eine hinreichende Differenzierung gegenüber Konkurrenzprodukten“* erreichen.[3] Es entsteht eine unverwechselbare Markenpersönlichkeit mit einer spezifischen Kompetenz.

Den beiden oben genannten Definitionen folgend steht die Marke *Baustahlgewebe* für Offenheit in der Kundenbeziehung und Geschäftsabwicklung sowie für Stabilität als Fundament ihrer Bauwerke und Arbeitsbeziehungen (Slogan: Die Seele des Betons.). Die Marke *Neckar-*

---

[2] Meffert, H. (2000); S. 847
[3] Meffert, H. (2000); S. 851

*draht* steht für Qualität, Dauerhaftigkeit, Umweltfreundlichkeit, Leistungsfähigkeit und Zuverlässigkeit „(Slogan: Qualitätsprodukte aus dem Hause *Neckardraht.*)" Die Marke *Medra* steht für eine auf Werte beruhende Geschäftsbeziehung, Vertrauen und Zuverlässigkeit (Slogan: Der etwas andere Draht.) Bei Betrachtung der Anbieter-Kunden-Beziehung, stellt die Marke ein Vertrauensverhältnis zwischen diesen Vertragspartnern dar. Dies spiegelt sich in langfristigen Geschäftsbeziehungen wider. Für den Anbieter ist es deshalb wichtig, dem Kunden klar und deutlich zu vermitteln, wofür die Marke steht bzw. welche Botschaft sich dahinter verbirgt. Es entsteht ein Markenversprechen und der Kunde weiß schon vor dem Kauf, was bei einem Vertragsabschluss auf ihn zukommt und warum nur diese Marke für ihn infrage kommt.[4] Für die *best gmbh marketing services* ergibt sich durch das Führen mehrerer Marken ein nicht zu unterschätzender Wettbewerbsvorteil, welcher auch zu höheren Absatzzahlen und Umsätzen führt. Weiterhin bringt das Führen von starken Marken den Vorteil, dass die Kunden in wirtschaftlich schlechten Zeiten an der Marke festhalten und eine Markenloyalität bzw. –bindung entsteht. Für Wettbewerber, die neu in den Markt drangen, wirkt diese Markenloyalität wie eine Markteintrittsbarriere.[5] Das Unternehmen, welches sich hinter der Marke verbirgt, hat den Vorteil, dass die Firma *best gmbh marketing services* Erfahrungen in der Bau-, Stahl- und Drahtindustrie sowie das dafür nötige technische Know-how besitzt. Somit kann nach einer relativ kurzen Einarbeitungszeit mit dem Vermarkten der Produkte begonnen werden. Gerade für mittelständische Unternehmen kann dies ein Vorteil gegenüber ihren Wettbewerbern sein. Sie benötigen somit keine eigene Marketing-Abteilung, welche Kosten verursacht und zudem zu Beginn noch nicht die marktspezifischen Informationen besitzt. Die Dienstleistungsnehmer können sich im Zuge dessen voll und ganz auf die Verbesserung und Erweiterung ihrer Produkte konzentrieren. Ein weiterer Vorteil für die Dienstleistungsnehmer besteht darin, dass die Kunden beim Kauf von Produkten der *best gmbh marketing services* auch auf weitere komplementäre Produkte bzw. Marken aufmerksam gemacht werden können. Dieses Produktportfolio ermöglicht es dem Kunden seinen Einkauf zu komplettieren und bietet der *best gmbh marketing services* höhere Absatzchancen bei allen Marken.

---

[4] Vgl. Ginter/Dambacher; Markenpolitik im B2B-Sektor; in Baaken (2002); S. 56 f

[5] Vgl. Esch/Tomczak/Kernstock/Langner (2004); S. 4 f.

Das Ziel der hier vorliegenden Diplomarbeit mit dem Thema: „Vertriebskonzept für Drahterzeugnisse am französischen Markt“ ist es, den Marken *Neckardraht* und *Medra* neue Absatzwege zu eröffnen und im französischen Markt Fuß zu fassen. Die Geschäftsleitung erhofft sich dadurch eine bessere Auslastung der Maschinen und infolgedessen eine kostengünstigere Produktion durch Senkung der Stückkosten. Weiterhin sollen Überkapazitäten aus dem deutschen Markt in Frankreich abgesetzt werden, um so einem Preisverfall zu entgehen. Dieser würde eintreten, wenn im deutschen Markt das Angebot größer als die Nachfrage ist. Die Anbieter wären dann gezwungen immer billiger anzubieten und der Preis würde sinken. Anders sähe es aus, wenn die Überkapazität auf andere Länder abgewälzt werden könnte, dann könnten die inländischen Preise konstant gehalten werden.

Im ersten Kapitel dieser Diplomarbeit geht es darum für die Produkte Draht, Drahtgeflechte, Drahtstifte und Feingitter (Estrich- und Heizungsbaugitter) der Marke *Neckardraht*, sowie der Produkte Fabrikations- und Kaltstauchdraht der Marke *Medra* eine Analyse der Ausgangsbedingungen im französischen Markt zu erarbeiten. (Anm. d. Hrsg.: Die Produkte Draht der Marke *Neckardraht* und Fabrikations- und Kaltstauchdraht der Marke *Medra* werden im Folgenden zum Oberbegriff „Draht“ zusammengefasst.) Hierbei werden im Unterpunkt 2.1 die verschiedenen Produkte vorgestellt und ihre technischen wie auch betriebswirtschaftlichen Eigenschaften erläutert. Wichtig ist hier die Untersuchung des Nachfragerverhaltens und ferner wer den Kauf der Produkte veranlasst bzw. wer schlussendlich die Kaufentscheidung trifft. Im Punkt 2.1 wird zudem auf die Frage nach der Bedeutung von „Draht aus Deutschland“ als Markenbegriff und die Einstellung potenzieller ausländischer Abnehmer dazu eingegangen. Im Unterpunkt 2.2 werden dann die Marktbedingungen in den verschiedenen Produktgruppen analysiert und auf Problemfelder hin untersucht. Hierbei wird der Fokus speziell auf die Nachfrager, die Wettbewerber und die Vertriebsstruktur gerichtet.

Das folgende Kapitel 3 beschäftigt sich mit den aus Kapitel 2.2 gefundenen Problemfeldern. Ausgehend von diesen werden Lösungsvorschläge erarbeitet, um dann schlussendlich im zweiten Schritt daraus produktgruppenspezifische Vertriebskonzepte abzuleiten.

# 2. Ausgangsbedingungen der Markterschließung in Frankreich

## 2.1 Technische Produkterklärung und betriebswirtschaftlicher Typus

Ausgangspunkt aller in dieser Diplomarbeit unter Drahterzeugnisse zusammengefasster Produkte ist die Herstellung von Draht. Zur Herstellung des Drahtes wird im Elektro-Stahlwerk der Badischen Stahlwerke in Kehl Schrott geschmolzen und in Formen gegossen. Die Endprodukte des Stahlwerkes heißen Knüppel, sie sind rechteckig (ca. 15x15 cm) und etwa 15 Meter lang. Hieraus wird anschließend im Walzwerk Walzdraht hergestellt. Die Knüppel können durch Walzen auf einen Walzdrahtdurchmesser von bis zu 5,5 mm reduziert werden. Um die Eigenschaften des Drahtes, der auf den entsprechenden Märkten abgesetzt bzw. zu Drahterzeugnissen weiterverarbeitet werden kann, zu erhalten, müssen noch verschiedene Bearbeitungsprozesse durchlaufen werden. Diese sogenannte Kaltumformung findet in der Drahtzieherei statt. Je nachdem welches Endprodukt aus dem Draht entstehen soll, werden verschiedene Walzdrahtsorten verwendet, die sich in ihren chemischen sowie physikalischen Eigenschaften unterscheiden.

Beginn der Produktion ist das Walzdrahtlager, hier wird der Walzdraht gelagert und bei Bedarf abgerufen. Vor dem Ziehen des Drahtes wird der Walzzunder, welcher vorwiegend aus oxidiertem Metall besteht und meist mit Schmierstoffanteilen, Kühlflüssigkeiten und anderen prozessbedingten Stoffen verunreinigt ist, entfernt. Der Walzzunder wird entfernt, *„da er der im Ziehwerkzeug stattfindenden Verformung wegen seiner mangelnden Verformbarkeit und hohen Härte äußersten Widerstand entgegensetzen und sowohl Ziehsteine als auch Drahtoberfläche zerstören würde“.*[6] Erreicht wird die Walzzunderentfernung durch Beizen (= Behandlung mittels Säuren), elektrochemische (= Behandlung in einem Strom leitenden chemischen Bad) oder mechanische Entzunderung (= Bürsten, Abklopfen oder Verformen). Danach wird der Walzdraht gezogen. Je nach dem, welchen Durchmesser der Draht erreichen soll, durchläuft er zwischen einer und acht Zieheinheiten (= Ziehwerkzeug und Ziehtrommel), welche in einer Reihe hintereinander aufgestellt sind. Dabei nimmt die Durchlaufgeschwindigkeit des Drahtes von Zieheinheit zu Zieheinheit zu und sein Durchmesser ab, die physikalischen Eigenschaften (Festigkeit, Zähigkeit, Oberfläche, etc.) ändern sich ebenfalls. *„Von größtem Einfluss auf seine Festigkeits- und Oberflächeneigenschaften sind die Kaltverformung und Wärmebehandlung. Das Glühen verbessert die Schmiegsamkeit (Blumendraht,*

---

[6] Verein Deutscher Eisenhüttenleute Teil I (1969); S. 10

*Drahtgeflecht), das Härten die Festigkeit (Schirmstangen, Kratzendrähte), das Vergüten und Patentieren die Festigkeit und Zähigkeit (Sprungfedern, Seildraht).“*[7] All diese produktionstechnischen Vorgänge, die chemischen und physikalischen Eigenschaften sind in der europäischen Norm EN 10218 (kalt gezogene Stahldrähte) festgehalten.[8]

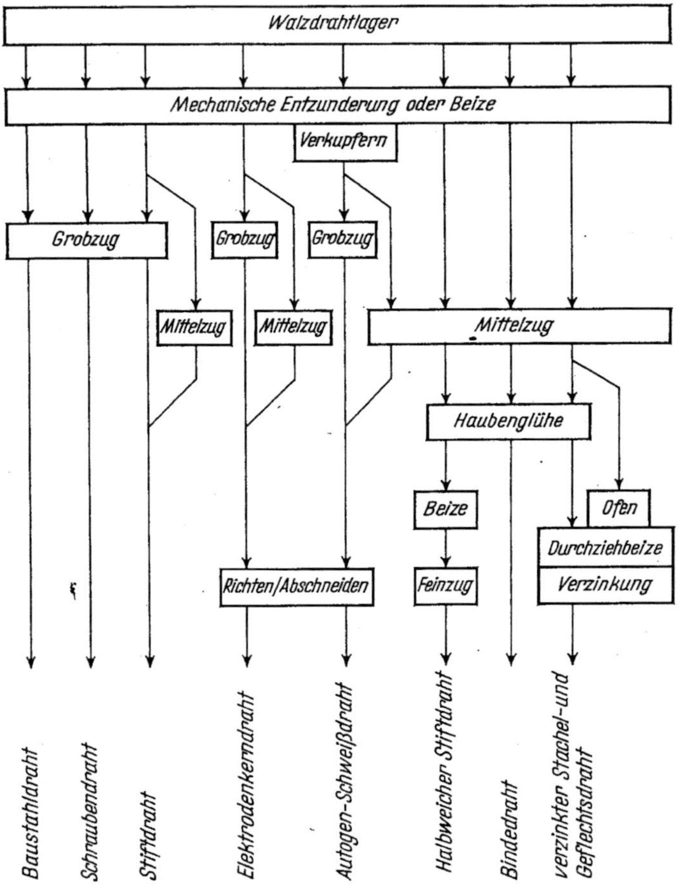


**Abb. 3:** Drahtzieherei für kohlenstoffarme Stahldrähte (Quelle: Herstellung von Stahldraht Teil I; Verein Deutscher Eisenhüttenleute; S. 9)

---

[7] Garbrach/Feurer/Schruff (1996); S. 50

[8] Vgl. Normen für kaltgezogene Stahldrähte EN 10218

Bei den Fabrikations- und Kaltstauchdrähten der Marke *Medra* wird ein Walzdraht mit einem Durchmesser zwischen 5,5 und 16,0 mm (bald auch 18,0 mm), einem Kohlenstoffgehalt zwischen 0,2 und 0,45% und einem erhöhten Chromgehalt von ungefähr 1% verwendet.[9] Dieser durchläuft bei der Produktion die Schritte mechanische Entzunderung und Ziehen. Der hergestellte Fertigdraht hat schließlich einen Durchmesser von 2,0 bis 16,0 mm, eine Zugfestigkeit von 450 bis 900 N/mm² und eine Brucheinschnürung unter 55% nach EN 10263.[10] Fabrikationsdraht wird vor allem für die Herstellung von Einkaufswagen, Laden- und Büroausstattung, Spülmaschinenkörbe, Autositze und Maschinenschutzgitter verwendet. Kaltstauchdraht hingegen findet seinen Einsatz bei der Herstellung von Schrauben, Achsen und Bolzen. Die Produktionskapazität der Marke *Medra* liegt hier bei 48.000 Tonnen pro Jahr und wird momentan zu 75% ausgelastet.[11]

Die Marke *Neckardraht* bietet in seiner Produktpalette „Draht" aus eigener Produktion stammende Drähte in den Ausprägungen weichgeglüht, verzinkt und PE-ummantelt. Die Drahtsorte dickverzinkt sowie Stacheldrähte und Drahtspanner können ebenfalls geliefert werden. Allerdings handelt es sich bei diesen Produkten um Handelsware.[12] Der Stacheldraht wird von einem österreichischen Hersteller bezogen, welcher von *Neckardraht* den Draht bezieht und zu günstigen Konditionen Stacheldraht produziert. Der Vorteil solcher Handelswaren ist, dass eine größere Produktpalette angeboten werden kann und die Kunden somit mehr Auswahl haben. Das Primärziel bei Handelswaren ist also nicht unbedingt die Gewinnmaximierung, vielmehr machen sie die aus eigener Produktion stammenden Produkte attraktiver und führen somit bei einigen Kunden zu einem Kauf, die sonst nicht gekauft hätten. Es stellt sich aber dennoch die Frage, ob einige dieser Handelswaren selbst gefertigt oder ganz aus dem Sortiment genommen werden sollten. Die Geschäftsführung muss hier zwischen den anfallenden Kosten und dem späteren Nutzen abwägen. Vom Produkttyp her gesehen würden sich der dickverzinkte Draht und der Stacheldraht zur Eigenproduktion anbieten. Es ist allerdings so, dass bei beiden Produkten neue Maschinen zur Produktion angeschafft werden müssten, da sie mit den vorhandenen aus technischen Gründen nicht produziert werden können. Darüber hinaus ist es so, dass gerade bei diesen beiden Produkten die Absatzmengen schwinden und die Eigenproduktion kaum rentabel wäre. Beim Drahtspanner sieht es ähnlich aus, zur Eigenproduktion wäre der Kauf neuer Anlagen von Nöten

[9] Vgl. Anhang 1: Prospekt Marke *Medra*
[10] Vgl. Normen für Kaltstauchstahl EN 10263
[11] Interne Quellen
[12] Vgl. Anhang 2: Prospekt Marke Neckardraht: Draht

und zudem die Weiterbildung bzw. Einstellung von Arbeitskräften mit dem nötigen Know-how. Dies ist wiederum mit hohen Investitionen verbunden und bedarf einer genauen Analyse der Machbarkeit (Platz im Werk für Maschine, produktionstechnischer Stand/Qualifikation der Mitarbeiter) und auch der Rentabilität. Das Endprodukt Draht kann in Form von Bunden (ca. 600kg), Fabrikationsringen (ca. 25-70 kg) oder abgeteilten Ringen (1,5-5,0 kg) erworben werden. Auf Anfrage wird auch in Form von Stangendraht in Bunden geliefert, dies wird jedoch selten in Anspruch genommen. Wie Abb. 4 zeigt, werden überwiegend geglühte und PE-ummantelte Drähte nachgefragt, welche vor allem in Bunden geliefert werden.

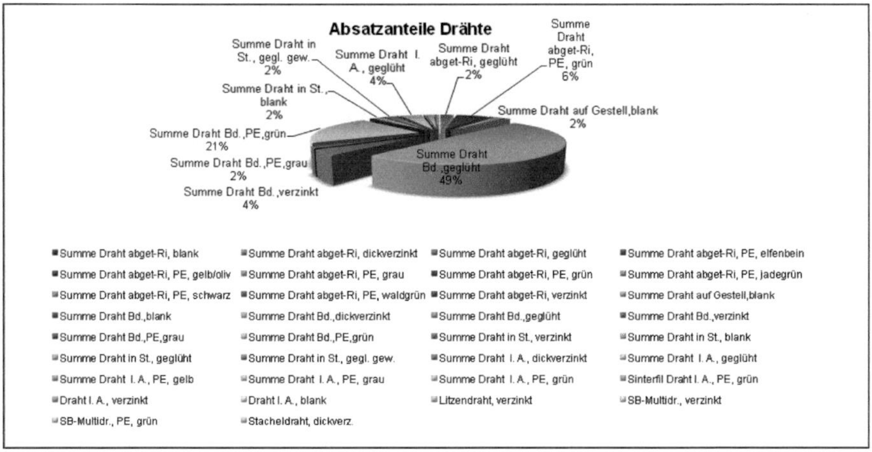


**Abb. 4:** Anteile am Gesamtabsatz der Drähte[13]

Bei der Produktion von weichgeglühtem Draht wird ein Walzdraht von 5,5 mm Durchmesser und einem Kohlenstoffgehalt von unter 0,1% durch Beizen, Ziehen, Glühen, nochmaliges Beizen und Ziehen auf einen Durchmesser von 0,9 bis 4,0 mm und einer Zugfestigkeit von 320 – 420 N/mm² reduziert. Der verzinkte bzw. PE-ummantelte Draht wird auch aus Walzdraht von 5,5 mm Durchmesser und einem Kohlenstoffgehalt von unter 0,1% hergestellt.

Die Marke *Neckardraht* hat sich bei der Herstellung von verzinktem Draht auf das galvanisierende Verfahren und beim PE-ummantelten Draht auf das Extruderverfahren spezialisiert. Beim Galvanisieren wird der Draht durch den Anschluss an Elektroden

[13] Vgl. Anhang 3: Umsatzzahlen 01.01.04 - 30.04.06 Drähte; Marke Neckardraht

elektrisch leitfähig gemacht und mit einer dünnen Zinkschicht überzogen. Dies geschieht, wie in Abb. 5 zu sehen, in einem speziellen Tauchbad und mit Hilfe von elektrischem Stromfluss. Beim Extruderverfahren findet das Umspritzen von Drähten im Spritzkopf der Schneckenpresse, dem Extruder, statt. Das zur Ummantelung benötigte Kunststoffgranulat wird in den Einfülltrichter gefüllt und rieselt zwischen das Schneckengewinde. *„Die Schnecke zieht das Granulat in die Einzugszone ein und fördert es weiter. In dieser Förder- oder Einzugzone wird der Kunststoff außerdem bis nahe an den Schmelzpunkt erwärmt, wobei mitgerissene Luft entweichen kann. In der nächsten Zone, der Schmelz- oder Umwandlungszone, werden die letzten Reste von Gasen oder Feuchtigkeit entfernt, und der Kunststoff wird geschmolzen. […]. In der folgenden Zone, der Ausstoßzone, […], wird der Kunststoff homogenisiert; außerdem werden Temperaturunterschiede ausgeglichen. […]. Der erwärmte und plastifizierte Kunststoff wird dann durch den Spritzkopf auf den Draht aufgebracht.“*[14]

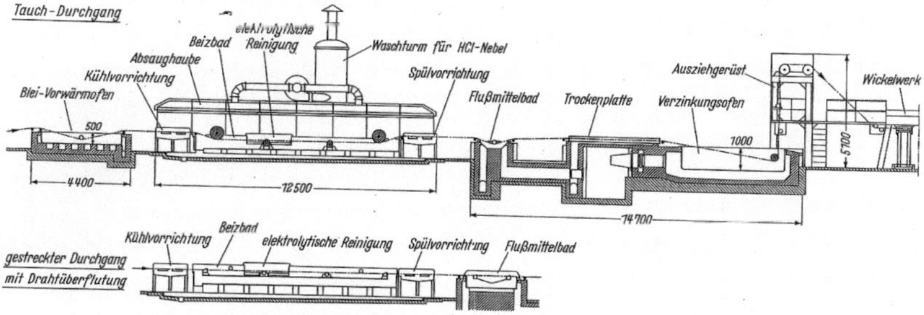


**Abb. 5:** Aufbau einer Verzinkungsanlage (Quelle: Verein Deutscher Eisenhüttenleute; S. 183)

Zur Produktpalette der Marke *Neckardraht* gehören auch Drahtgeflechte (Viereckgeflechte und Ziergitter). Die Viereckgeflechte (Maschen mit einer quadratischen Form.) werden mit PE-Ummantelung, dickverzinkt und auch handelsüblich verzinkt angeboten. Zur Herstellung werden die oben aufgeführten Drähte in der Drahtflechterei verarbeitet. Vorschriften über die Produktion finden sich in der EN 10233-6 wieder.[15] Hierin sind Mindestanforderungen, zum Drahtdurchmesser, zur Maschenweite, zur Höhe und zum Überzug verankert.

[14] Verein Deutscher Eisenhüttenleute Teil 2 (1969); S. 230
[15] Vgl. Normen für Drahtgeflechte EN 10233-6

Die von *Neckardraht* angebotenen PE-ummantelten Viereckgeflechte haben umgebogene Enden, das heißt, die Drahtenden werden an den oberen und unteren Extremitäten umgebogen damit sie bündig enden und niemanden verletzen können. Die Drahtgeflechte haben zudem eine Maschenweite von 40, 50 und 60 mm, einen Drahtdurchmesser von 2,5 bis 3,1 mm und eine Höhe zwischen 500 und 2000 mm. Die normale PE-Ummantelung ist grün (nach RAL 6005), allerdings wird auf Kundenwunsch auch in anderen Farben produziert. Die dickverzinkten Drahtgeflechte gibt es in den Maschenweiten 50 und 60 mm, einem Drahtdurchmesser von 2,0 bis 4,6 mm und einer Höhe zwischen 800 und 2000 mm, diese haben auch umgebogene Enden.

Die besprochenen Drahtgeflechte werden in Abmessungen angeboten, welche sich in Europa, über die Jahre als absatzstark gezeigt haben. Auf Kundenwunsch können bei beiden Drahtgeflechten allerdings auch andere Abmessungen produziert werden. Es gibt auch die Möglichkeit Drahtgeflechte mit verdrillten Enden zu fertigen. Das heißt, die Drahtenden werden an den oberen und unteren Extremitäten verdrillt, sodass eine Stachelspitze entsteht. Speziell in Frankreich, mit Ausnahme des Elsass, gelten Drahtgeflechte mit verdrillten Enden als Standardprodukte. Beim Bau öffentlicher Gebäude wurde jahrelang die Verletzungsgefahr solcher Zäune als niedrig eingestuft, bis sich Eltern betroffener Kinder an die Kommission für die Rechte der Verbraucher gewandt und somit eine Veränderung des Sicherheitsdenkens der Produzenten bewirkt haben. Vor allem bei der Einzäunung von Schulen oder Kindergärten werden immer weniger Drahtgeflechte mit verdrillten Enden verwendet.[16] Europaweit gesehen sind die Abmessungen in etwa gleich, leichte Unterschiede gibt es in den verwendeten Drahtstärken. So werden in den Ländern Frankreich, Italien, Spanien und Österreich Drahtstärken von 2,4 mm bzw. 2,5 mm, in Belgien und Holland 3,1 mm und in England 3,15 mm standardmäßig bevorzugt. Bei den Maschenweiten sind in Deutschland 50 mm (Zaunbau) und 60 mm (Marktschiene), in Frankreich, Italien und den Beneluxstaaten 50 mm und in Österreich 60 mm Standard.[17] In Bezug auf die angestrebte Bedienung des französischen Marktes wäre es sicher denkbar, auch die dort standardmäßig nachgefragte Drahtstärke und die verdrillten Enden in das Standardproduktprogramm aufzunehmen und ein länderspezifisches Prospekt bzw. Produktionsprogramm zu erstellen. Die Lieferung erfolgt nach EN 10233-6 in Rollen von 25 m entweder in Baumkuchenwicklung (siehe Abb. 6), in enger Wicklung oder in normaler Wicklung auf Tauschpaletten (= DB-Holzflachpaletten) oder lose. Der Vorteil der

---

[16] Vgl. http://www.minefi.gouv.fr/DGCCRF/boccrf/01_09/a0090008.htm (25.04.06)
[17] Interne Quellen

Baumkuchenwicklung ist die platzsparende Lagerung bzw. die Verringerung der Transportkosten durch eine größere Transportmenge auf dem LKW.

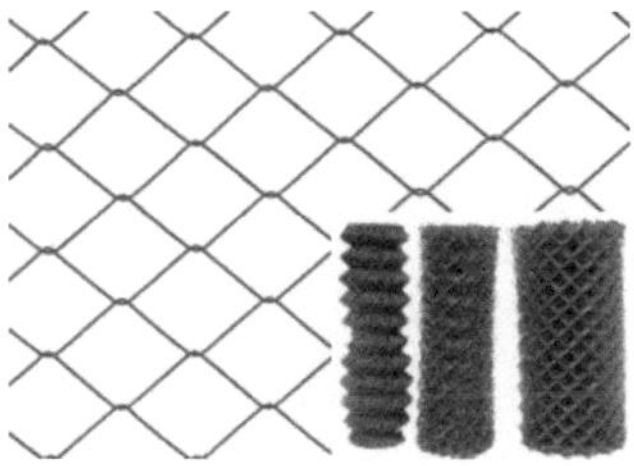

**Abb. 6:** Baumkuchenwicklung, enge Wicklung, normale Wicklung (Quelle: Prospekt Marke *Neckardraht*; Drahtgeflechte)

Die Viereckgeflechte werden oft zur Einfriedung von Häusern, Grundstücken, Gärten, Weiden oder auch Gehöfen eingesetzt. Im Gegensatz hierzu gibt es die sogenannten Ziergitter (Dekora, siehe Abb.7), sie haben keine Schutzfunktion, sondern dienen lediglich der Verzierung von Blumenbeeten oder Teichen. Angeboten werden sie in der Farbe grün (RAL 6005), den Höhen 400, 650 und 900 mm und den Rollenlängen 25 und 10 m.[18]

**Abb. 7:** Ziergitter (Quelle: Prospekt Marke *Neckardraht*; Drahtgeflechte)

Aus dem Gesamtabsatz von Drahtgeflechten wird ersichtlich, dass die grün (RAL 6005) ummantelten Viereckgeflechte mit 72% den größten Anteil am Absatz haben und die Ziergitter immerhin 18% aufweisen (siehe Abb.8). Mit 6% stehen die dickverzinkten Viereckgeflechte

[18] Vgl. Anhang 4: Prospekt Marke Neckardraht: Drahtgeflechte

auf Platz drei der absatzstärksten Drahtgeflechte. Die anderen Abmessungen haben Anteile um die 1% bzw. 2% und sind meist Sonderabmessungen auf Kundenwunsch.[19]

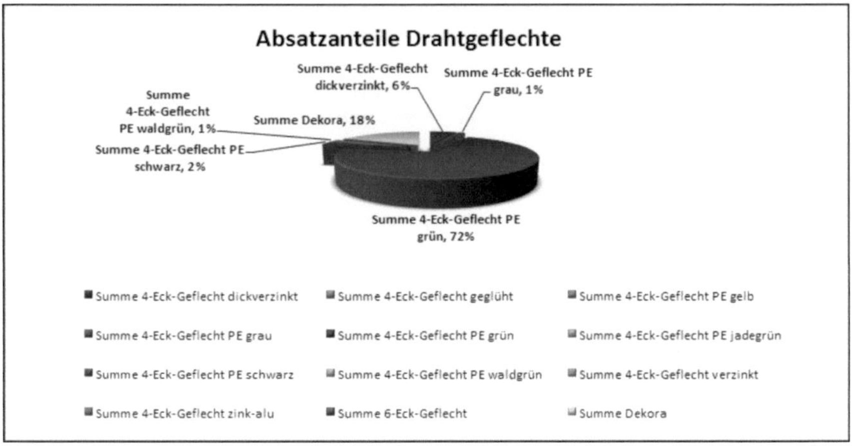


**Abb. 8:** Anteile am Gesamtabsatz Drahtgeflechte[20]

Die von der Marke *Neckardraht* angebotenen Drahtstifte haben eine über 100 jährige Tradition. Produziert werden sie nach der EN 10230-1 in circa 300 Varianten.[21] Es gibt einfache Drahtstifte für den heimischen Gebrauch (z. B. zum Befestigen eines Bildes an einer Wand), aber auch spezielle Drahtstifte für die Industrie (z. B. Drahtstifte für Stift-Magazine) oder das Handwerksgewerbe (z. B. Dachpappstifte für Dachdecker). Diese Variantenvielfalt ermöglicht eine Differenzierung der Produkte nach Kundengruppen und eine gezielte Bearbeitung des französischen Marktes. Seit Jahrzehnten sind Billiganbieter aus dem Osten Europas ein Problem. Die Qualität ihrer Drahtstifte ist zum größten Teil noch nicht auf demselben Niveau wie in Mitteleuropa. Diese Anbieter haben einzig und alleine dadurch einen Vorteil gegenüber anderen europäischen Anbietern, dass ihr Lohnniveau niedriger ist und die Unternehmen vom Staat subventioniert werden. Dies erfolgt über die Subvention des Walz-

[19] Interne Quellen
[20] Vgl. Anhang 5: Umsatzzahlen 01.01.04 – 30.04.06 Drahtgeflechte; Marke Neckardraht
[21] Vgl. Normen für Drahtstifte EN 10230-1

drahtes, welcher den Produzenten zu günstigen Konditionen angeboten wird. Ökonomen sprechen hier auch von politischen Preisen.[22]

Die Drahtstifte werden nach technischen Eigenschaften wie der Spitze der Drahtstifte (Diamantspitze, Rundspitze, etc.), dem Schaft (glatter Schaft, gerauter Schaft, etc.), dem Kopf der Drahtstifte (runder Flachkopf, Senkkopf, runder Stauchkopf, etc.), der Kopfoberfläche (glatter Kopf, geriffelter Kopf) und dem charakteristischen Nennmaß (Drahtstiftlänge, Kopfdurchmesser, Durchmesser) unterschieden.

In Frankreich gelten andere Standards für Stifte als in Deutschland. Vor diesem Hintergrund muss untersucht werden, ob die Produktion dieser Stifte überhaupt möglich ist, sowohl technisch als auch kapazitätsmäßig, und ob auch hier ein länderspezifisches Prospekt erstellt werden sollte. Die Lieferung von Stiften erfolgt auf DB-Holzflachpaletten in Paketen oder Kartons in den Standardabfüllgewichten 1 kg, 2,5 kg, 5 kg, 25 kg und 800-1000 kg. Auch hier ist es möglich andere Abmessungen und Abfüllgewichte auf Anfrage zu liefern.[23]

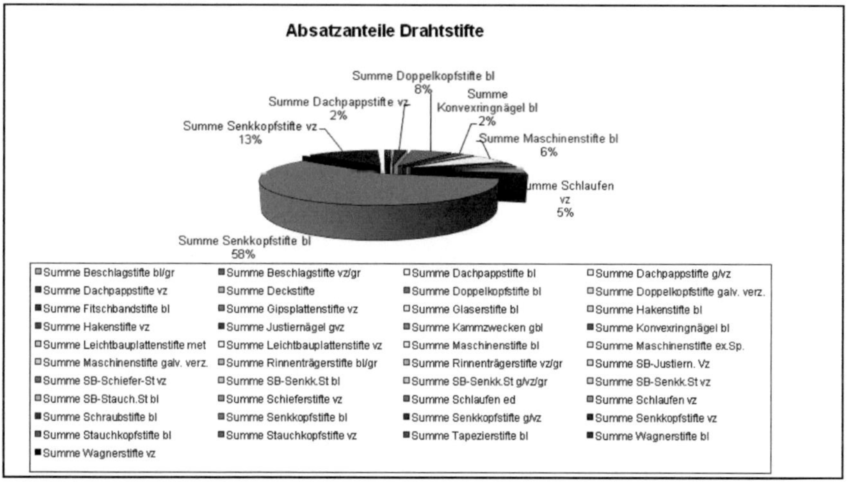


**Abb. 9:** Anteile am Gesamtabsatz für Drahtstifte[24]

[22] Interne Quellen

[23] Vgl. Anhang 6: Prospekt Marke Neckardraht: Drahtstifte

[24] Vgl. Anhang 7: Umsatzzahlen 01.01.04 – 30.04.06 Drahtstifte; Marke Neckardraht

Wie aus Abb. 9 ersichtlich ist, verzeichnen die blanken Senkkopfstifte mit 58% den größten Anteil am Absatz, dahinter folgen die verzinkten Senkkopfstifte mit 13%. Senkkopfstifte haben den Vorteil, dass sie in das Material (z. B. Holz) versenkt werden und somit nicht mehr sichtbar sind, ihr Einsatz ist in vielen Bereichen möglich. Die Doppelkopfstifte mit 8% Absatzanteil werden unter anderem zur Befestigung von Verschalungen oder Keilen auf dem Bau verwendet. Die blanken Maschinenstifte haben einen Absatzanteil von 6% und werden vor allem in der Industrie für die Fertigung von Paletten und Kisten jeglicher Art eingesetzt. Verzinkte Schlaufen mit 5% Absatzanteil werden z. B. zur Befestigung von Weidezäunen, Rohren oder Kabel verwendet. Bei den Drahtstiften beläuft sich die Produktionskapazität auf etwa 10.000 Tonnen pro Jahr, allerdings werden die Maschinen momentan nur zu 30% ausgelastet. Hier ist aber auch zu bemerken, dass diese schon seit Jahren abgeschrieben sind und somit geringere Fixkosten verursachen.[25]

Unter der Produktgruppe „Feingitter" hat die Marke *Neckardraht* die Produkte Estrichgitter und Heizungsbaugitter zusammengefasst, welche seit den 80er Jahren auf dem deutschen Markt angeboten werden. Die Produktionskapazität beläuft sich für Estrichgitter auf 28.000 Tonnen pro Jahr mit einer momentanen Auslastung von 13.500 Tonnen (= 48%). Bei den Heizungsbaugittern liegt die Produktionskapazität bei 2.500 Tonnen pro Jahr, wobei hier die momentane Auslastung bei 1.500 Tonnen (= 60%) liegt. Estrichgitter dienen nach DIN 18560-2 zur Bewehrung von Estrichen auf Trennschicht und in besonderem Maße von schwimmenden Estrichen.[26]

---

[25] Interne Quellen
[26] Vgl. Normen für Estrichgitter DIN 18560-2

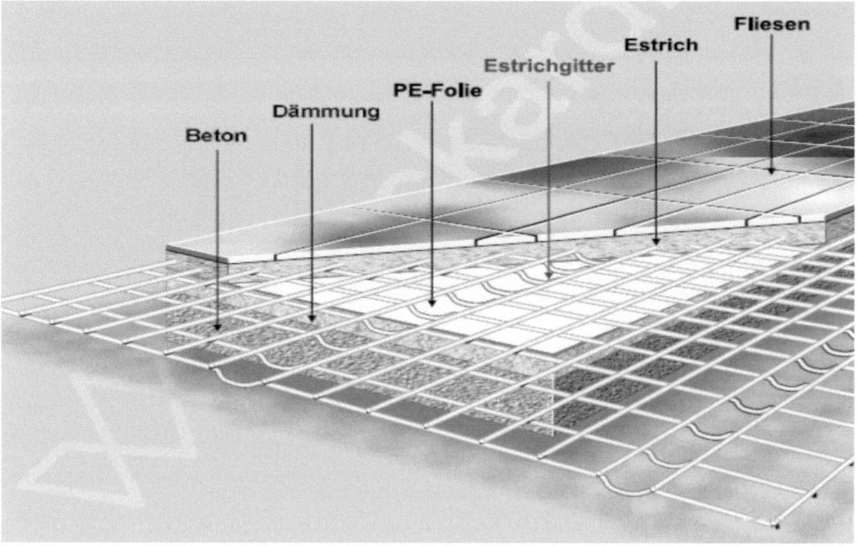


**Abb. 10:** Montage eines Estrichgitters (Quelle: Prospekt Marke *Neckardraht*: Estrichgitter)

Estrichgitter sollen als Bewehrung Schäden am Estrich selbst und am Fußbodenbelag (z. B. Fliesen) vermeiden und einen unkomplizierten Einbau garantieren.[27] *„Während des Abbindeprozesses entstehen im Mörtel Spannungen (Schwinden), die unweigerlich zu einer Rissbildung führen. Ohne ausreichende Bewehrung werden hierbei große Risse (Rissweite und Eindringtiefe) gemessen, die das Gefüge nachhaltig schädigen können (Höhenversatz der Rissflanken) und im Fußbodenbelag, besonders bei Stein- und keramischen Belägen zu sichtbarem Schaden führen. Mit ausreichender Bewehrung werden die Rissbreiten und Risstiefen auf fein verteilte und unbedenklich kleine Risse beschränkt sowie das Versetzen der Rissflanken vermieden.“*[28] Unterschieden wird zwischen Estrichgitter mit und ohne Abstandhalter. Der Abstandhalter trägt Sorge dafür, dass das Estrichgitter nicht auf der Rohdecke aufliegt. In diesem Fall wäre es nämlich nutzlos. Beim schwimmenden Estrich (siehe Abb. 11), welcher hohe Anforderungen an Schall- und Wärmeschutz hat, wird beim Einbau zuerst eine Wärmedämmung auf die Rohdecke verlegt. Darüber kommt dann eine PE-Folie, welche verhindern soll, dass der Estrich die Wärmedämmschicht beschädigt bzw. Feuchtigkeit durch-

[27] Vgl. Anhang 8: Prospekt Marke Neckardraht: Estrichgitter
[28] Prospekt Marke Neckardraht: Estrichgitter (2006)

dringt. Dann wird eine Lage Estrich auf die PE-Folie gegossen und das Estrichgitter darauf gelegt. Schließlich wird nochmals eine zweite Lage Estrich gegossen. Somit wird das Estrichgitter umschlossen und kann die Bewehrung leisten. Nach der Trocknungszeit können dann die Fliesen verlegen werden.

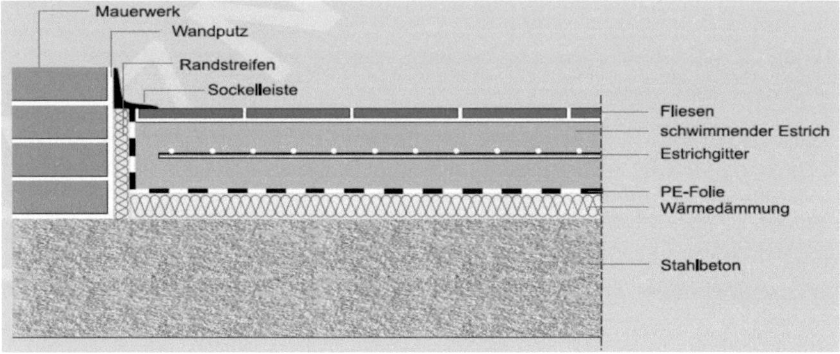


**Abb. 11:** Schwimmender Estrich (Quelle: Prospekt Marke *Neckardraht*: Estrichgitter)

Beim Estrich auf Trennschicht (vgl. Abb. 12) sind Untergrund und Estrich gegeneinander verschiebbar. Die PE-Folie wird hier direkt auf die Rohdecke gelegt, somit ist hier kein Wärme- bzw. Schallschutz gewährleistet. Als Nächstes wird das Estrichgitter (hier mit Abstandhalter) auf die PE-Folie gelegt und der Estrich darüber gegossen. Zum Abschluss werden auch hier die Fliesen verlegt.

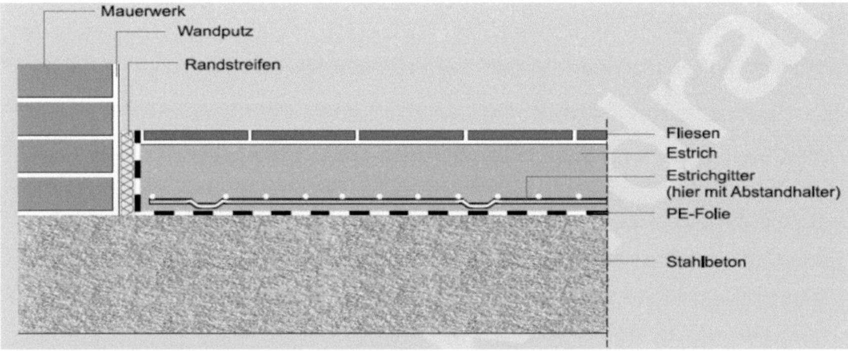


**Abb. 12:** Estrich auf Trennschicht (Quelle: Prospekt Marke *Neckardraht*: Estrichgitter)

Das Lagerlieferprogramm für Estrichgitter sieht zwei Typen vor: Typ 50 mit einem Hauptraster von 50x50 mm und Typ 75 mit einem Hauptraster von 75x75 mm. Typ 50 ist in den Drahtstärken 1,6 mm, 1,8 mm und 2,0 mm erhältlich, wobei die Variante mit 2,0 mm mit Abstandhalter geliefert wird. Seit Kurzem wird auch schon teilweise Typ 50 in der Drahtstärke 1,8 mm mit Abstandhalter geliefert. Beim Typ 50 haben alle Gitter eine Größe von 2000x1000 mm. Typ 75 gibt es nur mit einer Drahtstärke von 2,0 mm und ohne Abstandhalter. Die Gittergröße beider Typen beträgt 2000x1200 mm. Die Lieferung der Estrichgitter erfolgt auf Paletten. Eine Palette umfasst etwa 400 bis 500 Estrichgitter gebündelt à 20 Stück. Wie in Abb. 13 verdeutlicht, ist vor allem die Nachfrage nach Typ 50 mit Abstandhalter und einem Drahtdurchmesser von 2,0 mm (=74%) ziemlich hoch. Danach folgt Typ 50 ohne Abstandhalter und einem Drahtdurchmesser von 1,8 mm (=19%). Die Verkaufszahlen der restlichen Estrichgittertypen sind verschwindend gering.

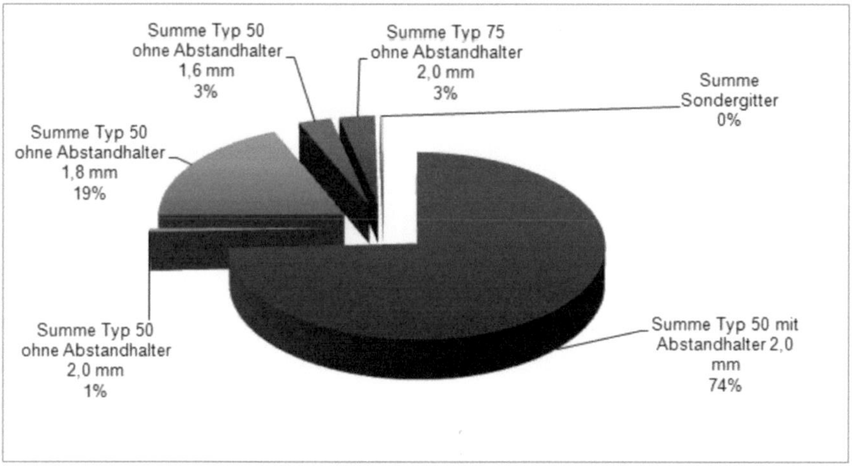


**Abb. 13:** Anteile am Gesamtabsatz für Estrichgitter[29]

Heizungsbaugitter sind gleich Trägergitter für Fußbodenheizungsrohre, welche die Montage von Heizschlangen (für Bodenheizungen) erleichtern und deren Lage nachhaltig sichern.[30] Die Montage, wie in Abb. 14 zu erkennen, ist relativ schnell und einfach zu bewerkstelligen und verspricht vor allem bei großen Flächen eine enorme Zeitersparnis. Der erste Schritt der

[29] Vgl. Anhang 9: Umsatzzahlen 01.01.04 – 30.04.06 Estrichgitter; Marke Neckardraht

[30] Vgl. Anhang 10: Prospekt Marke Neckardraht: Heizungsbaugitter

Montage beinhaltet die Verlegung einer Wärmedämmung, hierauf wird im Anschluss eine PE-Folie gelegt. Nun müssen noch die Heizungsbaugitter verlegt und die Heizschlangen an den dafür vorgesehenen Klipsen befestigt werden. Die Klipse haben die Funktion die Warm- und Kaltwasserrohre zu halten und zu gewährleisten, dass sie sicher und einfach verlegt werden können. Zum Abschluss muss nun noch der Estrich verlegt werden.

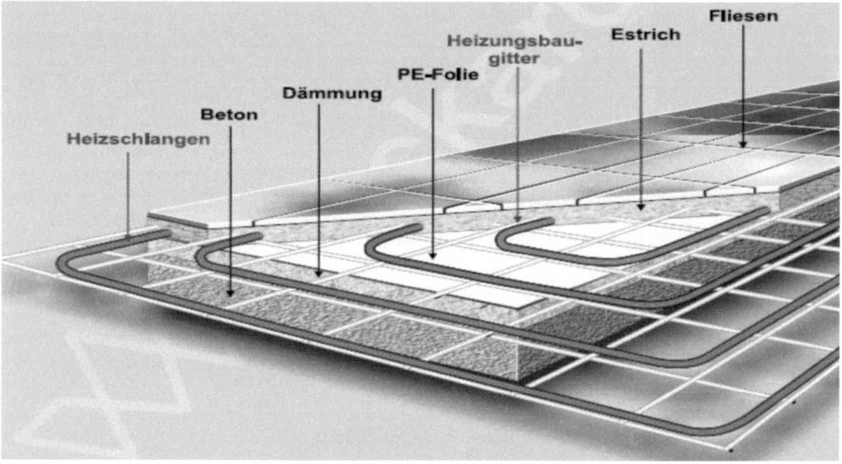


**Abb. 14:** Montage eines Heizungsbaugitters (Quelle: Prospekt Marke *Neckardraht*: Heizungsbaugitter)

Im Lieferprogramm der Marke *Neckardraht* gibt es drei Standardtypen von Heizungsbaugittern, einmal mit einem Hauptraster von 50x50 mm, dann mit 100x100 mm und noch mit 150x150 mm. Alle bestehen aus glatten Drähten mit den Oberflächen blank, verzinkt, grundiert und haben eine Drahtstärke von 3,0 mm. Die Gittergrößen unterscheiden sich leicht, so misst das 50x50 mm Hauptraster 2150x750 mm, das 100x100 mm Hauptraster 2000x1000 mm und das 150x150 Hauptraster 2100x1200 mm bzw. 2250x1500 mm. Bei der Montage ist die Wahl der Hauptraster der Heizungsbaugitter zu beachten. Je kleiner das Hauptraster, desto enger liegen die Heizungsrohre beieinander und desto mehr Wärme pro m² wird freigesetzt. Normalerweise wird das 50x50 mm Hauptraster im Fensterbereich eingesetzt, da dort durch offene oder schlecht isolierte Fenster kalte Luft eindringen kann. Im inneren Bereich des Zimmers werden die größeren Hauptraster verwendet. Das absatzstärkste Hauptraster (siehe Abb.15) ist das mit 100x100 mm, dicht gefolgt von dem mit 150x150 mm. Der Absatz des

50x50 mm Hauptrasters ist in den vergangenen Jahren stetig gesunken. Diese Konstellation ist Folge der besseren Isolation von Häusern im Vergleich zu früher. Die Bauherren können somit zum großen Teil auf das 50x50 mm Hauptraster verzichten.

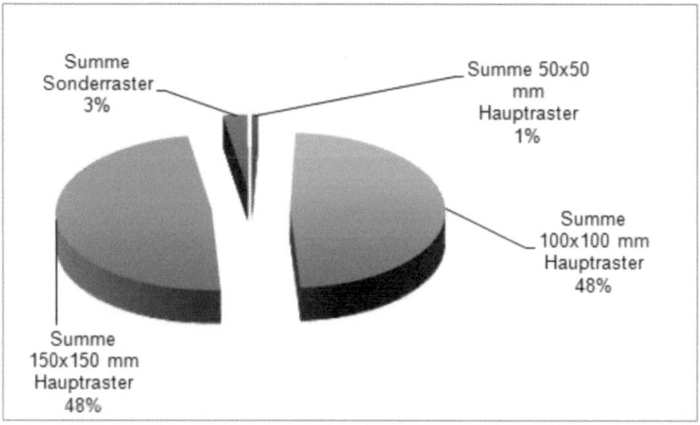


**Abb. 15:** Anteile am Gesamtabsatz Heizungsbaugitter[31]

In Frankreich sind die Heizungsbaugitter (noch) nicht so verbreitet. Benutzt werden hier in den meisten Fällen Noppen-Systeme oder Trockenbau-Systeme. (vgl. Abbildung 16)

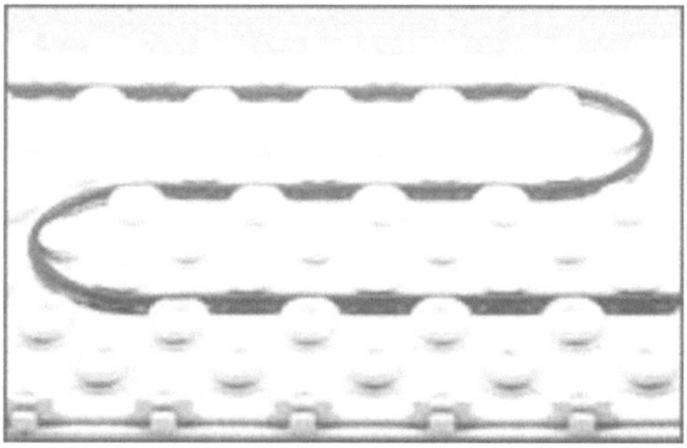

**Abb. 16:** Noppen-System zum Verlegen von Heizschlangen (Quelle: http://www.bekotec-therm.fr vom 9.06.06)

[31] Vgl. Anhang 11: Umsatzzahlen 01.01.04 – 30.04.06 Heizungsbaugitter; Marke Neckardraht

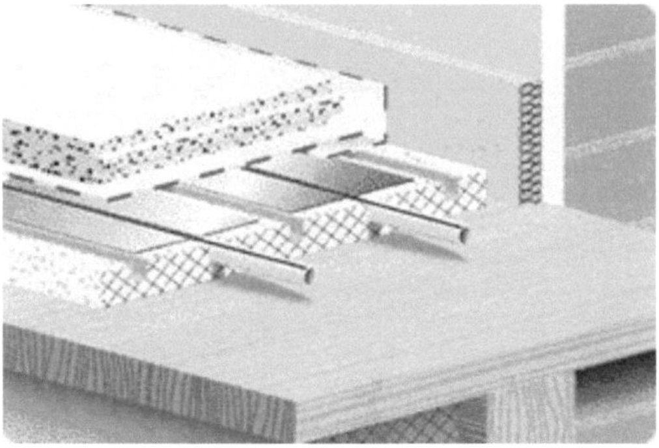

**Abb. 17:** Trockenbau-System (Quelle: http://www.uponor.de vom 9.06.06)

Die Montage des Noppen-Systems erfolgt in der Weise, dass auf die Rohdecke erst eine Schall- und Wärmedämmschicht und darauf dann eine PE-Folie gelegt wird. Danach werden die Noppenplatten verlegt und die Heizschlangen zwischen den Noppen eingeklemmt. Hierauf wird schließlich Estrich gegossen und nach dem Trocknen der Bodenbelag verlegt.[32]

Beim Trockenbau-System sind vorgefertigte Bahnen in die Verlegeplatte aus Trockenstrich eingearbeitet, sodass die Heizschlangen nur noch eingelegt werden müssen. Die Verlegeplatten können auf jeden flachen Untergrund aufgelegt werden; auf die Verlegeplatten werden anschließend Styroporplatten aufgeklebt, welche als Dämmung und als Auflage für den Bodenbelag dienen.[33]

Beim Vergleich dieser drei Systeme ergibt sich Ergebnis, dass bei großen Flächen eher Heizungsbaugitter zum Einsatz kommen sollten (geringerer Zeitaufwand bei der Verlegung und höhere Wirtschaftlichkeit) und bei kleineren Flächen Noppen- und Trockenbau-Systeme besser geeignet sind (bessere Anpassung an Ecken und Kanten und besserer Zuschnitt). Beim Einbau sollte auch auf die Fußbodenhöhe geachtet werden, da für die Heizungsbaugitter mehr Höhe vorhanden sein muss als für das Trockenbau-System, welche eine geringe Einbauhöhe haben.[34]

---

[32] Vgl. http://www.uponor.de/de/systeme/heizen_kuehlen/profi_plus/tecto/index.php (29.08.06)

[33] Vgl. http://www.uponor.de/de/systeme/heizen_kuehlen/profi_plus/trockenbausystem_siccus/index.php (29.08.06)

[34] Interne Quellen

Aufbauend auf der technischen Gliederung der Produkte, soll nun auf die betriebswirtschaftliche Einordnung der Produkte und das hiermit verbundene Nachfrageverhalten eingegangen werden. Grundsätzlich lassen sich die beschriebenen Produkte unterteilen in Industriegüter und Konsumgüter. *„Als Industriegüter werden [...] Leistungen bezeichnet, die von Organisationen beschafft werden, um weitere Leistungen zu erstellen, die nicht in der Distribution an Letztkonsumenten bestehen. Industriegüter lassen sich somit nicht anhand technischer Merkmale beschreiben, vielmehr bestimmt die Zielgruppe (Letztkonsument oder Organisation als Nachfrager), ob der Vermarktungsprozess auf Konsumgüter- oder Industriegütermärkten stattfindet."*[35] Beim Draht ist diese Unterteilung eindeutig, Draht ist ein Industriegut, da er erst weiterverarbeitet werden muss, bevor der Letztkonsument etwas damit anfangen kann. Bei den anderen Produkten (Drahtgeflechte, Drahtstifte oder auch Estrich- und Heizungsbaugitter) fällt die Einteilung ein wenig schwerer bzw. können die Produkte sowohl Industriegüter wie auch Konsumgüter sein, eine eindeutige Trennung ist nicht möglich. Man könnte diese Produkte infolgedessen als „konsumierbare Industriegüter" bezeichnen.

Bei Betrachtung der Abwicklung der Geschäfte, sind auch hier gewisse Unterschiede zwischen den Produkten zu beobachten. Im Allgemeinen wird zwischen einem Zulieferergeschäft, einem Systemgeschäft, einem Anlagengeschäft und einem Produktgeschäft unterschieden (siehe Abb. 18).

---

[35] Backhaus (2003); S. 8

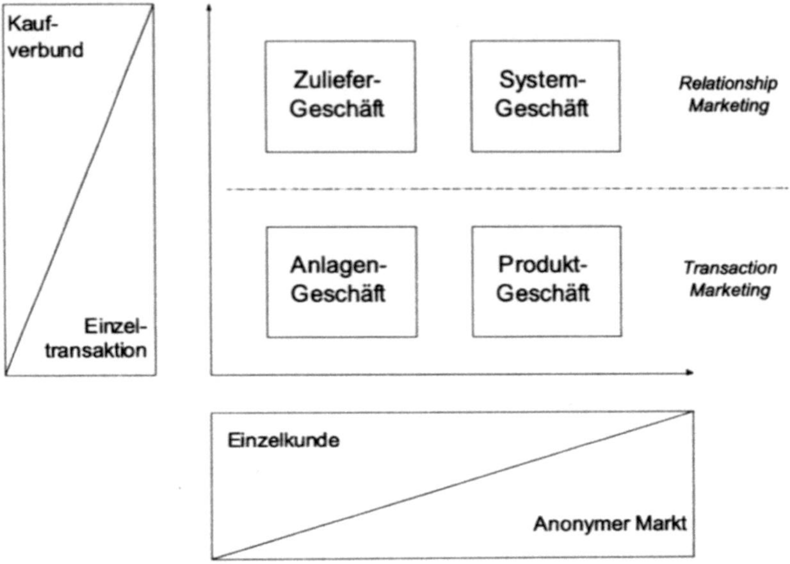


**Abb. 18:** Klassifizierung von Geschäftsarten (Quelle: Godefroid 1995, S. 30)

Beim Zulierergeschäft wird eine längerfristige Geschäftsbeziehung zwischen dem herstellenden Unternehmen und dem Lieferanten angestrebt. Der Lieferant passt seine Produkte an die Bedürfnisse des Herstellers an und es entsteht eine gewisse Abhängigkeit voneinander. Von Vorteil ist hier, dass der Lieferant eine sichere Abnahmemenge in seiner Produktion einkalkulieren kann. Beim Systemgeschäft werden die Produkte auf einem anonymen Markt bzw. einem bestimmten Marktsegment sukzessive hintereinander beschafft. Die beteiligten Geschäftspartner streben auch hier langfristige Beziehungen und Verträge an. Beim Anlagengeschäft findet eine einmalige Transaktion eines komplexen Systems statt. Es handelt sich um einen überschaubaren Markt, in dem Kundenorientierung eine wichtige Rolle spielt. Der Zeitpunkt der Herstellung des Produktes bzw. Systems liegt nach dem Absatzzeitpunkt und dem hiermit verbundenen Vertragsabschluss. Der Hersteller verpflichtet sich der Leistung dem Kunden gegenüber sowie diese zu einem bestimmten Termin zu produzieren und pünktlich zu liefern. Das Produktgeschäft zeichnet sich dadurch aus, dass ein anonymer Markt angesprochen wird. Die angebotenen Produkte sind zum größten Teil standardisiert und werden auf Lager produziert. In vielen Fällen wird versucht die Maschinen auszulasten, um so die fixen Stückkosten zu reduzieren und billiger als die Konkurrenz anbieten zu können. Der Nachteil ist hier, dass diese Produkte substituierbar sind. Zudem herrschen zwischen den Kunden und den Herstellern keine langfristigen Beziehungen und das Unternehmen muss immer wieder auf die Suche nach potenziellen Kunden gehen.[36]

Bei den Drähten handelt es sich um ein Zulieferergeschäft. Transaktionen finden einzelkundenorientiert statt und es existiert ein zeitlicher Kaufverbund. Weiterhin wird der Draht speziell nach Maßgaben des Kunden gefertigt. Hierbei gibt der Kunde die genauen technischen Eigenschaften und die chemische Zusammensetzung des Drahtes bei der Bestellung an (Materialspezifikation[37]). Volkswirte sprechen in diesem Zusammenhang auch von einem personalisierten Markt, in dem es nur wenige Anbieter und Nachfrager gibt und theoretisch jeder jeden kennt. Die Zusammenarbeit zwischen beiden Geschäftspartnern wärt hier so lange, wie auch die Qualität, der Preis und die Liefertreue stimmen. Sollte eine dieser Variablen nicht mehr den Vorstellungen des Geschäftspartners entsprechen, wird dieser sich nach einem neuen Lieferanten umschauen und der zeitliche Kaufverbund wird aufgelöst.

Bei den Drahtgeflechten, Drahtstiften sowie Estrich- und Heizungsbaugittern handelt es sich um Produktgeschäfte. Diese Produkte sind weitestgehend standardisiert und für einen breiten Markt entwickelt worden. Hier gibt es auch keine Kaufverbunde, sondern der Käufer ist bei einem Folgekauf der Produkte wieder völlig frei sich für ein anderes zu entscheiden. Es ist deshalb wichtig dem Käufer über Marketingaktivitäten für einen Wiederkauf genügend Informationen bezüglich der Qualität, der Kaufmöglichkeit und des Preises der Produkte zur Verfügung zu stellen.[38]

Bei Betrachtung des Nachfrageverhaltens im B2B-Bereich gibt es Unterschiede zum „normalen" Kaufverhalten wie es vom B2C-Bereich her bekannt ist. Auf B2C-Märkten wird die Kaufentscheidung oft von irrationalen oder emotionalen Entscheidungen bestimmt, was oft zu Spontankäufen führt. Auf B2B-Märkten verfügen viele der Personen im Beschaffungsbereich über einen außerordentlich hohen Sachverstand. Hintergrund ist, dass die Kaufentscheidungen bei Unternehmen oder Organisationen oft in höhere finanzielle Regionen gehen als bei „normalen" Kaufentscheidungen, sich somit auch das Risiko deutlich unterscheidet und es auch für den Fortbestand bzw. das Überleben des Unternehmens wichtig ist. Kaufent-

---

[36] Vgl. Backhaus (2003); S. 324 f.
[37] Vgl. Anhang 12: Materialspezifikationen am Bsp. Federnwerke Marienberg GmbH
[38] Vgl. Backhaus (2003); S. 13 ff.

scheidungen müssen hier wohl bedacht und nach ökonomischen Kriterien gefällt werden.[39] Im B2B-Bereich werden üblicherweise beim Kaufprozess verschiedene Phasen durchlaufen. Die erste Phase ist die „Problemerkennung“, sie tritt in den meisten Fällen dann auf, wenn es darum geht, eine Neuanschaffung (z. B. Produktionsanlagen) zu tätigen oder wenn die Lagerbestände den Meldebestand erreichen. Aus dieser Lage heraus kommt man dann in die zweite Phase, der „Festlegung der Produkteigenschaften“ und der dritten Phase, der „Beschreibung der Produkteigenschaften“ für die zu tätigende Anschaffung. Es ist hierbei wichtig die Produkteigenschaften so genau wie möglich auszuwählen und auch zu definieren, um bei der Lieferantenauswahl eine klare Vergleichsmöglichkeit zu haben. Wichtig ist auch eine Priorisierung der Produkteigenschaften. Eine so erstellte Prioritätenliste ermöglicht eine leichtere Bewertung und Sortierung der Lieferanten. In der vierten Phase wird aktiv nach Lieferanten gesucht. Dabei werden bisherige wie auch neue Geschäftspartner zur Abgabe von Angeboten aufgefordert, somit hat jeder eine Chance zum Zuge zu kommen. Sollte es bei bisherigen Lieferanten zu keinen gravierenden Problemen gekommen sein, so haben diese die besten Karten für eine Zusage und die damit verbundene Fortführung der Geschäftsbeziehung. Haben nun potenzielle Lieferanten innerhalb einer bestimmten Frist ein Angebot abgegeben, so muss eine Entscheidung darüber getroffen werden welcher Lieferant infrage kommt. Dazu dienen die vorher angesprochenen Bewertungseigenschaften, welche es zulassen eine Sortierung und einen Vergleich der abgegebenen Angebote vorzunehmen. Die Phasen sechs und sieben beinhalten die „Auswahl des Lieferanten“ und die „Bestell- und Bestellabwicklungsphase“. In diesen Phasen werden Modalitäten wie der Liefertermin, der Preis und die sonstigen vertraglichen Bestimmungen, welche mit den Angeboten eingereicht wurden, nochmals besprochen um schlussendlich die Lieferung durchzuführen. Nach Abschluss der geschäftlichen Aktivitäten ist es im B2B-Bereich zwischen Kunde und Lieferant üblich, ein Leistungsfeedback zu erstellen, indem sowohl negative wie auch positive Sachverhalte angesprochen werden. Ziel ist es, dem Lieferanten die Chance zu geben sich zu verbessern. Dies kann für beide Seiten, im Hinblick auf eine längere Geschäftsbeziehung, von Vorteil sein. Ein weiterer Unterschied zum Kaufverhalten in B2B-Märkten wird deutlich, wenn man die am Kaufprozess beteiligten Personen vergleicht. In B2C-Mäkten gehen die Kaufentscheidung und der Kauf oft von einer einzelnen Person aus. Dies ist in B2B-Märkten anders, hier spricht man von einem so genannten „Buying Center“ in dem mehr als eine Person an der Kaufentscheidung beteiligt sind. Buying Center sind informelle Gruppen, deren

[39] Vgl. Godefroid (1995); S. 24

Mitgliederzahl nicht ohne Weiteres für Außenstehende erkennbar ist. Nach einer Studie des Spiegel-Verlags im Jahre 1982 wurde die Mitgliederzahl auf im Durchschnitt vier Personen über alle Stadien der Kaufentscheidung hinweg festgestellt. Diese Personen erfüllen in der Gruppe verschiedene Aufgaben bzw. Rollen. Theoretisch könnte auch eine Person all diese Rollen ausfüllen, was in kleineren Betrieben der Fall sein kann.

In Buyingcentern nimmt der „Benutzer“ (User) bei der Entscheidungsfindung eine wichtige Stellung ein. Er arbeitet später mit dem zu kaufenden Objekt und kann somit auch seine Erfahrung und Meinung beim Kauf mit einbringen. Dies könnte zum Beispiel der Arbeiter oder Schichtführer an der Maschine sein, welcher den Draht zu Drahtgeflechten verarbeitet oder auch der Estrichleger, welche die Heizungsbaugitter verlegt. Wenn der Nutzer mit einer Kaufentscheidung nicht einverstanden sein sollte, dann kann sich das für das Unternehmen negativ auswirken. Neben dem „Benutzer“ gibt es auch die „Beeinflusser“ (Influencer), welche *„formal nicht am Kaufprozess beteiligt sind, aber über ein Beschaffungsobjekt durch (informelle) Einflussnahme mit entscheiden.“*[40] So gibt es für die verschiedenen Produkte bestimmte Normen oder Regelungen, welche die Kaufentscheidung beeinflussen und nur eine beschränkte Wahlmöglichkeit zulassen. Bei den Estrichgittern wurde zum Beispiel vor einigen Jahren aus Gründen der Bewehrungsfähigkeit die Festigkeit der Gitter erhöht. Somit mussten alle Hersteller ihre Estrichgitter anpassen, wenn sie diese auf dem Markt absetzen wollten. Eine wichtige Funktion in Buying Center nimmt auch der „Informationsselektierer“ (Gatekeeper) ein. Er entscheidet darüber welche Informationen wichtig sind und in der Unternehmenshierarchie bis an die Spitze gelangen und welche nicht. Somit hat er auch großen Einfluss auf die Kaufentscheidung. In vielen Unternehmen wird diese Position von Abteilungsleitern oder dem Assistenten der Geschäftsführung wahrgenommen. Organisationsmitglieder, welche letztendlich über die Auftragsvergabe bestimmen und die Bestellung tätigen werden „Entscheider“ (Decider) genannt. Werden größere Investitionen geplant, so hat die Entscheidungsvollmacht ein Mitglied der Geschäftsführung. Beim Kauf von Rohstoffen für die Produktion, wie zum Beispiel Draht, liegt diese Entscheidungsvollmacht oft bei Mitarbeitern des Einkaufs, welche somit sowohl die Rolle des „Entscheiders“ als auch die des „Einkäufers“ (Buyer) einnehmen. In ihrer Doppelrolle verhandeln sie mit den Lieferanten und tätigen zudem auch noch die Kaufabschlüsse selbst.[41]

---

[40] Backhaus (2003); S. 77
[41] Vgl. Webster/Wind (1972a); S. 78 ff.

Aus vertriebstechnischer Sicht stehen den Unternehmen auf B2B-Märkten lediglich zwei sinnvolle Möglichkeiten zur Verfügung, um ihre Produkte auf den Markt zu bringen.

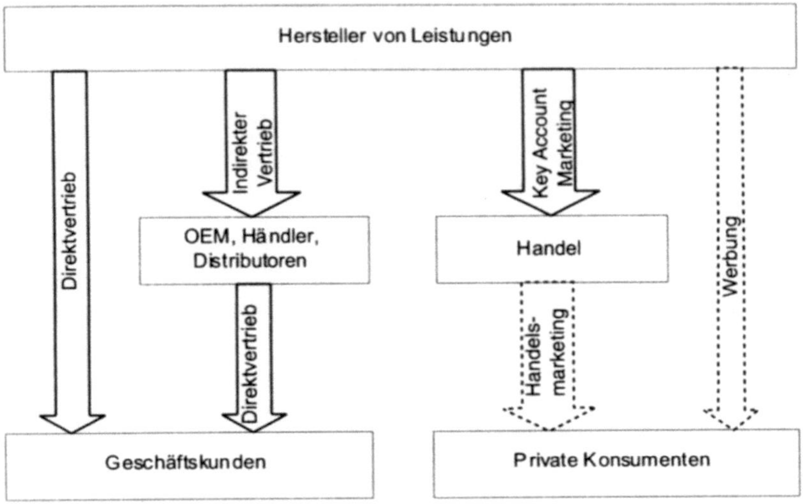


**Abb. 19:** Allgemeine Vertriebsstruktur auf B2B-Märkten (Quelle: Godefroid 1995, S. 28)

Neben der Möglichkeit die Kunden durch einen Direktvertrieb zu erreichen und zu binden, kann sich ein Unternehmen der Hilfe von Händlern, OEMs, Distributoren oder dem Groß- bzw. Einzelhandel (indirekter Vertrieb) bedienen. Diese Organisationen werden in der Literatur als Absatzmittler bezeichnet. Es handelt sich dabei um rechtlich und wirtschaftlich selbstständige Organe, die im Distributionsprozess absatzpolitische Instrumente eigenständig einsetzen. Absatzhelfer (z. B. Speditionen, Agenturen) finden beim direkten wie auch indirekten Vertrieb ihren Einsatz.[42]

Der B2B-Bereich erstreckt sich auf die in Abb. 19 fett gedruckten Pfeile des Direktvertriebs, des indirekten Vertriebs und des Key-Account-Marketings. Die *best gmbh marketing services* befindet sich somit bei der Vermarktung der Marken *Neckardraht* und *Medra* auch dann noch auf B2B-Märkten wenn sie, wie oben schon erwähnt, konsumierbare Industriegüter (z. B.

[42] Vgl. Meffert (2000); S.600

Drahtgeflechte, Drahtstifte, Estrich- und Heizungsbaugitter) über den Groß- bzw. Einzelhandel vertreibt.

Nachdem die Produkte sowohl technisch, betriebswirtschaftlich wie auch vertriebstechnisch erläutert wurden, soll nun der Frage nachgegangen werden, was „Draht aus Deutschland" im Ausland für eine Wahrnehmung erfährt und welche Eigenschaften damit verbunden werden. Das Drahtgewerbe, und somit auch der Draht, hat eine lange Tradition in Deutschland, welche bis ins 8. Jahrhundert zurückreicht. Hier wurde Draht zur Fertigung von Waffen und Rüstungen eingesetzt. Bis ins 14. und 15. Jahrhundert, bei feinen Drähten oft sogar noch länger, wurde der Draht mit Muskelkraft durch das Zieheisen gezogen. Erst die Erfindung des Schockenziehens, die vermutlich vor dem Jahr 1360 in Nürnberg gelang, ermöglichte die Herstellung von Grobdraht mittels Ziehens. 1530 wurde in Nürnberg die erste vollautomatisch schließende Zange entwickelt. In den folgenden Jahrhunderten entwickelte sich das Drahtgewerbe in Deutschland immer weiter und schon bald besaß Deutschland die am meisten spezialisierten, differenzierten und arbeitsteiligen Metallgewerbe Europas. 1838 wurde dann in Ütterlingsen die erste deutsche Walzdrahtstraße errichtet, welche den Vorteil mit sich brachte, dass das Ziehen von Draht nun viel schneller und genauer vonstattenging. Im 19. Jahrhundert führte dann die Industrialisierung dazu, dass die Drahtnachfrage in ganz Europa drastisch anstieg und das Drahtziehhandwerk zur Drahtindustrie wurde. 1811 wurde die erste Drahtstiftmaschine in Deutschland patentiert und 1879 war die erste Drahtflechtmaschine einsatzbereit. Im 20. Jahrhundert wurden diese Techniken dann noch stetig verbessert und verfeinert.[43] Nicht zuletzt wegen diesen entscheidenden Entwicklungen hat „Draht aus Deutschland" international und vor allem in Europa einen guten Ruf. *„Deutschland bleibt in einer starken Marktposition. Deutsche Hersteller können sich vor allem als Anbieter kundenspezifischer Produkte profilieren, die besondere Anforderungen hinsichtlich Maßgenauigkeit, Material- und Bearbeitungsqualität stellen."*[44] Laut einer unternehmensinternen Kundenbefragung ist es so, dass viele französische Unternehmen immer noch bevorzugt deutsche Drahterzeugnisse kaufen. Diese sind zwar nicht unbedingt kostengünstiger als die Produkte anderer Hersteller, implizieren aber schon vor dem Kauf ein qualitativ hochwertiges Produkt. Bei den Ostprodukten hat man zwar niedrigere Beschaffungskosten, jedoch sind dort die Folgekosten (Wartezeiten bei Umtausch, Maschinenstillstand wegen Verarbeitungs-

---

[43] Vgl. Düttmann/Sensen (2001); S. 63 ff.

[44] http://www.ikb.de/content/de/branchen_und_maerkte/downloadcenter/Themenauswahl/Analysen/Branchen/04_2006_Stahl_und_Metallverarbeitung.pdf (25.07.06)

problemen, etc.) bei schlechter Qualität umso höher. Einige der Kunden haben bei der Befragung ausgesagt, dass sie hier schon schlechte Erfahrungen gemacht haben und nun lieber ein wenig mehr bei der Beschaffung ausgeben als nachher hohe Folgekosten zu haben.[45] Die Marke „Draht aus Deutschland" ist somit der Innbegriff der deutschen Tugenden (Ordentlichkeit, Fleiß, Verlässlichkeit) und repräsentiert das Land in bester Weise. Man mag fast behaupten, dass der Ruf dem Draht vorauseilt.[46]

## 2.2 Marktbedingungen in den Produktgruppen

### 2.2.1 Draht

#### 2.2.1.1 Nachfrager

Da Draht als Ausgangsmaterial (Rohstoff oder Vormaterial) bei der Produktion eingesetzt wird, sind die Nachfrager vor allem in der Draht verarbeitenden Industrie zu finden. In Frankreich sind, laut Statistik aus dem Jahre 2003, in diesem Bereich ca. 6.000 Unternehmen tätig, davon haben ca. 3.470 Unternehmen mehr als 20 Mitarbeiter. Insgesamt beschäftigt diese Branche im Jahr 2003 in Frankreich 272.000 Angestellte und verzeichnet einen Gesamtumsatz von 35 Mrd. EUR, wobei sich der Exportanteil auf 7 Mrd. EUR (20%) beläuft.[47] Die Unternehmen der Draht verarbeitenden Industrie liefern Komponenten und Einzelteile für die Kfz-, Bau-, Maschinen-, Elektro-, Nahrungsmittel-, Bekleidungs- und Chemische Industrie und sind somit zum größten Teil in der Zuliefererindustrie tätig. Die wichtigsten Branchen sind für die Zulieferer die Automobil- und die Verpackungsindustrie. Alleine in der französischen Automobilindustrie gibt es über 300 Zulieferfirmen. Dies liegt daran, dass die Automobilindustrie mit einem jährlichen Wachstum von ca. 18% das Zugpferd der französischen Wirtschaft ist. Der Umsatz belief sich 2004 auf 88 Mrd. EUR, was einem Anteil von 14% des Gesamtumsatzes der französischen Wirtschaft entspricht. Die beiden größten französischen Kfz-Zulieferfirmen sind *Faurecia* (weltweit auf Rang neun), einem Autositzhersteller, und *Valeo* (weltweit auf Rang 13), einem Ausrüster von Komponenten, Systemen und Modulen. Beide Unternehmen benötigen zur Produktion ihrer Produkte Draht in den ver-

---

[45] Interne Quellen
[46] Vgl. Düttmann/Sensen (2001); S. 63 ff.
[47] Vgl. http://www.oseo.fr/content/download/23403/495691/file/agenpresBilanMe…onderie2004.pdf (11.06.06) ; S. 16

schiedensten Ausprägungen (Fabrikationsdraht, Kaltstauchdraht, etc.).[48] Die Verpackungsindustrie in Frankreich hat ein jährliches Wachstum von 4% und verzeichnete 2004 einen Gesamtumsatz von 18 Mrd. EUR. Jährlich werden ungefähr 12,5 Mio. Tonnen Packmittel produziert, davon 13% aus Metall. Die meisten Firmen dieser Branche sind Global Player und stammen aus dem Ausland (über 40%). Die Größten darunter sind: *Saint Gobain*, *Pechiney* (im Sept. 2005 von *Alcan* aufgekauft) *Tetra Pak*, *BSN Glasspak*, *Arjo Wiggins*, *International Paper* und *Otor*.[49] Weitere Nachfrager nach gezogenem Draht sind Hersteller von Drahtgeflechten, Drahtstiften, Drahtgitterboxen, Einkaufswagen, Display-Hersteller, etc. Die wichtigsten Regionen in der Draht verarbeitenden Industrie sind Rhône Alpes mit 1.100 Unternehmen und 55.000 Beschäftigten, gefolgt von Ile de France mit 807 Unternehmen und ca. 50.000 Beschäftigten und Nord Pas de Calais mit 400 Unternehmen und ca. 20.000 Beschäftigten.[50]

Das Marktvolumen in Frankreich für gezogene Drähte war in den Jahren 2000 bis 2004 recht konstant zwischen 500.000 und 600.000 Tonnen pro Jahr. Dies wird sich in den folgenden Jahren, bedingt durch die mittelprächtige Wirtschaftslage und das damit verbundene geringe Marktwachstum von geschätzten 1,5% pro Jahr, so fortführen.[51] Bis 2010 ist mit einer Steigerung des Marktvolumens peu-à-peu bis auf 552.935 Tonnen zu rechnen. Der Gegenwert in EUR für das Jahr 2010 in konstanten Preisen beläuft sich auf etwa 430 Mio. EUR.[52]

---

[48] Vgl. http://portal.wko.at/wk/pub_detail_file.wk?AngID=1&DocID=444470 (11.06.06)

[49] Vgl. http://portal.wko.at/wk/pub_detail_file.wk?AngID=1&DocID=102334 (11.06.06)

[50] Vgl. http://portal.wko.at/wk/pub_detail_file.wk?AngID=1&DocID=440177 (11.06.06)

[51] Vgl. http://www.bfai.de/ext/anlagen/PubAnlage_1298.pdf (12.03.06)

[52] Statistisches Bundesamt/Eurostat

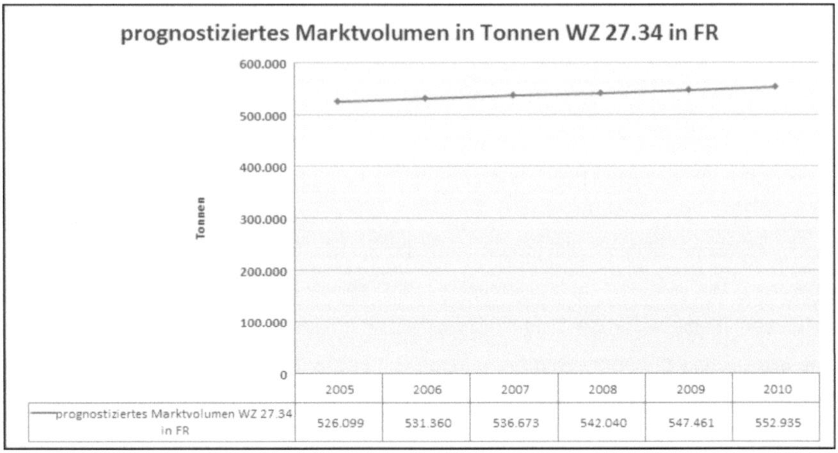


**Abb. 20:** Prognose Marktvolumen gezogener Draht in Frankreich (Quelle: eigene Darstellung)

Einen Grund für das stagnierende Marktvolumen sehen viele Fachleute in der Tatsache, dass immer mehr Unternehmen ihre Produktion aus Frankreich in den Osten Europas verlagern. Dieser Trend existiert seit Anfang der 90er Jahre nach dem Zusammenfall des Ost-Blocks und wird noch einige Jahre andauern bis sich die Löhne an mitteleuropäische Verhältnisse angepasst haben.[53] Würden die Löhne jährlich um 10% sinken, so würde der Lohnabstand bereits nach acht Jahren abgebaut sein.[54] Vielleicht würden sich dann Unternehmen überlegen ihre Produktion wieder nach Frankreich zu verlegen. *„Geht man der Frage nach, welche Motive für den Aufbau einer ausländischen Produktion maßgeblich sind, so liegen die Kosten und die Markterschließung als Gründe gleich auf. Steuern, Abgaben und Subventionen zählen dagegen nicht zu den wichtigsten Beweggründen. Für Produktionsstandorte in Osteuropa spielt die Kostenreduktion als Motiv eine überragende Rolle (85 Prozent). Für die Errichtung von Produktionsstätten in Asien, Nord- oder Mittelamerika sowie in Westeuropa ist die Markterschließung hingegen das primär treibende Motiv. Die Technologieerschließung ist nur in Westeuropa sowie in Nord- und Mittelamerika von einer gewissen, wenn auch unter-*

---

[53] Vgl. http://www.oseo.fr/content/download/55112/676571/file/g2005-4.pdf (26.07.06)
[54] Vgl. http://www.hamburger-illustrierte.de/content/htm/tic/2003/12/23/dgb231203.pdf (25.07.06)

*geordneten Bedeutung (10 Prozent).“*[55] Oft ist es so, dass Ingenieure aus Frankreich oder Mitteleuropa dort die Produktion mit ihrem Wissen überwachen und koordinieren.[56]

#### 2.2.1.2 Wettbewerber

Der französische Markt für gezogene Drähte ist relativ übersichtlich. Es gibt nur wenige große Hersteller, die sich untereinander den Markt streitig machen können. Aufgrund von Zusammenschlüssen und Konkursen teilen sich drei Unternehmen 81% des Marktes. Den größten Anteil am Markt nimmt *Tréfileurope* (*Mittal Steel Groupe*) mit 48% für sich in Anspruch. Danach folgen mit 22% *Tréfileries de Conflandey* (*Saarstahl Groupe*) und *SNTN* mit 11%. *Trefilac* mit 7% Marktanteil gehört zur *Mittal Steel Groupe*.

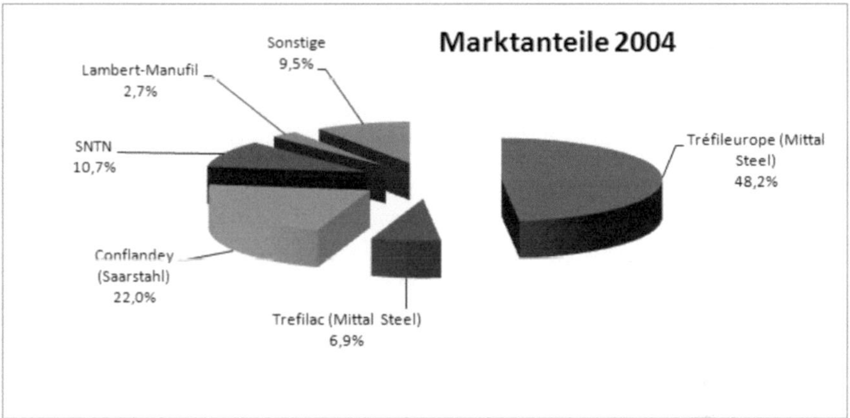


**Abb. 21:** Hauptwettbewerber im französischen Markt für gezogene Drähte

*Tréfileurope* hat ihren Hauptsitz in Bourg-en-Bresse. Spezialisiert hat sich das Unternehmen in der Produktion von gezogenem Draht. Die sieben Produktionsstätten in Frankreich befinden sich in Bourg-en-Bresse (15 ha Fläche), Lens (13 ha Fläche), Commercy (15 ha Fläche), Marnaval (13 ha Fläche), Ste. Colombe (14,2 ha Fläche), Perigueux (2 ha Fläche) und Manois (4 ha Fläche). Die Produkte der Produktionsstätte Manois werden unter dem Namen *Trefilac* vertrieben.

---

[55] http://www.uni-protokolle.de/nachrichten/text/7527/ (26.07.06)

[56] Vgl. Kinkel (2004); S 17 ff.

**Abb. 22:** Produktionsstandorte Tréfileurope in Frankreich

In Bourg-en-Bresse (A) und Lens (B) betreibt *Tréfileurope* Verlitzanlagen, Beizanlagen, Verzinkungsanlagen, Vergütungsanlagen und Ziehmaschinen. Die Produktionskapazität an beiden Standorten beträgt zusammen 75.000 Tonnen, in 2003 wurden 44.000 Tonnen produziert. Das Werk in Bourg-en-Bresse hat sich auf die Produktion von mit Öl vergütetem Draht und hoch beanspruchbarem Federdraht nach DIN 17223 Klasse B, C & D und EN 10270-1 bis hin zu einem Durchmesser von 21 mm spezialisiert. Das Werk in Lens hat sich auf die Fertigung von Draht für Telekommunikations- und Stromleitungen spezialisiert. In den Werken Commercy (Nähe Nancy) (C), Marnaval (Nähe Saint Dizier) (D) und Manois (Nähe Chaumont) (G) werden Glühanlagen, Verzinkungsanlagen, Lackieranlagen und Ziehmaschinen zur Produktion eingesetzt. Hier beträgt die Produktionskapazität zusammen 159.500 to, in 2003 wurden 153.200 to hergestellt. Commercy und Marnaval produzieren vor allem Fabrikations- und Kaltstauchdrähte, welche als Display-Ständer oder Einkaufswagen Anwendung finden. In Manois fertigt man Draht mit einem hohen Karbongehalt, der in Autositzen oder auch Fahrradspeichen wieder zu finden ist. Die Werke in Ste. Colombe (südwestlich von Chaumont) (E), Belgien und Italien sind ausgerüstet mit Beizanlagen, Verlitzanlagen, Kunststoffummantellungsanlagen und Ziehmaschinen. Ihre Produktionskapazität beträgt insgesamt 163.000 Tonnen, im Jahr 2003 wurde eine Produktion von 93.000 to erreicht, was lediglich eine Auslastung von 50% bedeutet. Hauptsächlich werden hier Drähte für Spannbeton und Metallkonstruktionen gefertigt. In Perigueux (F), aber auch in Marnaval stehen

Maschinen zur Drahtstiftherstellung. Produziert werden könnten hier bis zu 27.500 Tonnen. Im Jahr 2003 wurden 15.000 Tonnen hergestellt.[57] [58]

Das Unternehmen *Conflandey Industries S.A.S.* mit ca. 750 Mitarbeitern ist eine hundertprozentige Tochtergesellschaft des deutschen Unternehmens *Saarstahl AG* und hat ihren Hauptsitz in Port sur Saône. Gegründet wurde das Unternehmen 1901 als Familienbetrieb, seit 1960 wächst das Unternehmen stetig. Die Produktionsstätten befinden sich im Osten Frankreichs in Port sur Saône, Xertigny, Beuchot und Port-d'Atelier. Die Gesamtproduktion beläuft sich auf über 160.000 Tonnen pro Jahr, wovon etwa 70 % exportiert werden.

**Abb. 23:** Produktionsstandorte Conflandey

Das Werk in Port sur Saône (A), bei Vesoul, ist seit geraumer Zeit auf die Produktion von weichgeglühtem Draht spezialisiert und ist das älteste aller Werke. Hier ist auch eine F&E Abteilung angesiedelt, welche sich über neue Methoden der Drahtherstellung und Verbesserung der Drahteigenschaften Gedanken macht. Produziert werden an diesem Standort etwa 60.000 Tonnen pro Jahr. In Xertigny (B) befindet sich ein weiteres Werk mit dem Produktionsschwerpunkt Kaltstauchdrähte, welche auch in sehr kleinen Abmessungen (0,14 bis 12 mm) gefertigt werden können, da eine entsprechende Ziehmaschine vorhanden ist. Xertigny liegt südlich von Epinal in den Vogesen. An diesem Standort werden jährlich etwa 40.000 Tonnen Drähte produziert. Dies entspricht der Produktionskapazität der Marke *Medra* in Brandenburg. Im Werk Beuchot (C), nordöstlich von Vesoul gelegen, werden Drähte, die den Anforderungen der Präzisionsindustrie genügen müssen, gefertigt. Hier können ca.

---

[57] Vgl. http://sec.edgar-online.com/2004/03/10/0000947871-04-000715/Section6.asp (12.07.06)
[58] Vgl. http://www.trefileurope.com (12.07.06)

30.000 to pro Jahr produziert werden. Das Werk in Port-d'Atelier (21,5 ha Fläche, davon 2,5 ha überdacht) (D), auch bei Vesoul gelegen, ist spezialisiert auf Draht mit einem mittleren bis hohen Karbongehalt. Die jährliche Produktionsmenge beträgt hier etwa 30.000 Tonnen.[59] [60]

*SNTN* (*Société Nouvelle de Tréfilerie Normande*) hat ihren Hauptsitz bzw. Produktionsstandort in Rugles (A), welches etwa 40 km westlich von Evreux liegt und heute etwa 100 Mitarbeiter beschäftigt.

**Abb. 24:** Produktionsstandort und Firmensitz von SNTN in Frankreich

Die Gesamtfläche des Standortes umfasst 7,6 ha, wovon 1,5 ha überdacht sind. Neben der Produktion betreibt die *SNTN* auch einen eigenen LKW-Fuhrpark, der es ihr ermöglicht schnell und flexibel zu liefern. Die Gesamtproduktion von Kaltstauch- und Fabrikationsdraht beläuft sich auf ca. 40.000 Tonnen pro Jahr, hiervon werden 30% exportiert. *SNTN* hat eine der modernsten computergesteuerten Ziehmaschinen Europas und kann hiermit eine sehr gute Drahtqualität in geringer Zeit erreichen. Fehler bei der Oberflächenbehandlung des Drahtes werden durch ultrasensible Sensoren sofort erkannt und dem Maschinenführer gemeldet, welcher die Maschine stoppen und den Fehler beheben kann ohne eine große Ausschüttungsmenge zu produzieren. *SNTN* hat somit in etwa die gleichen produktionstechnischen Ausgangsbedingungen wie die Marke *Medra*. Außer Draht umfasst die Produktpalette von *SNTN* auch Betonstahlmatten, mit einem Produktionsvolumen von ca. 600 Tonnen pro Jahr sowie Gitterzäunen für den industriellen und privaten Einsatz.[61]

---

[59] http://www.conflandey.fr (13.07.06)
[60] http://www.saarstahl.com/deutsch/news/index.html (13.07.06)
[61] Vgl. http://www.sntn.fr (19.07.06)

Ein weiterer französischer Drahthersteller ist das Unternehmen *Ets Paul Lambert-Manufil*, welches zwischen 1924-1927 gegründet wurde. Spezialisiert hat sich das Unternehmen vor allem auf die Produktion von weichgeglühtem Draht. Der Firmensitz, welcher eine Produktionsfläche von 1,5 ha hat, befindet sich in Couëron, in der Nähe von Nantes im Westen Frankreichs.

**Abb. 25:** Firmensitz und Produktion Lambert-Manufil in Frankreich

Zurzeit sind etwa 60 Mitarbeiter in der Produktion und in der Verwaltung beschäftigt. Der Maschinenpark umfasst 4 Ziehmaschinen (Comapac), 15 Streckmaschinen, 3 Wickelmaschinen, eine Maschine zur thermischen Behandlung (Ebner) und 2 Biegemaschinen. Das Produktionsprogramm umfasst außer den weichgeglühten Drähten noch Fabrikations- und Kaltstauchdrähte, verzinkte Drähte, verdrillte Drähte, Aluminiumdrähte und kunststoffummantelte Drähte. Zudem produziert *Lambert-Manufil* auch noch Drahtstifte, auf welche im Kapitel 1.2.3.2 näher eingegangen wird.[62]

Die unter dem Punkt „Sonstige" zusammengefassten Unternehmen haben bisher keine großen Marktanteile in Frankreich. Zu diesen Unternehmen zählen Hersteller aus Spanien (*Gabarro SA, Trefilerías Quijano S.A., Exel Fil S.A.*), Belgien (*Fildra*), Italien (*Trafileria Lecchese Srl, Pittini*) oder auch Deutschland (*Drahtwerk St.Ingbert, Westfälische Drahtindustrie*).

[62] Vgl. http://www.lambert-manufil.com (19.07.06)

**Tabelle 1: Produktionsstättenübersicht von Konkurrenten**

| | | Produkte | | | | | |
|---|---|---|---|---|---|---|---|
| **Unternehmen** | **Werk** | **Draht** | **Drahtgeflechte** | **Drahtstifte** | **Estrichgitter** | **Heizungsbaugitter** | **Produktionskapazität** |
| **Medra** | Brandenburg | Kaltstauch- und Fabrikationsdraht | Nein | Nein | Nein | Nein | 48.000 to |
| **Neckardraht** | Eberbach | PE-ummantelt, geglüht, verzinkt | Ja | Ja | Ja | Ja | |
| **Tréfileurope** | Bourg-en-Bresse | mit Öl vergütetem Draht, Federdraht | Nein | Nein | Nein | Nein | 75.000 to |
| | Lens | Telekommunikations-/Stromleitungen | Nein | Nein | Nein | Nein | |
| | Commercy | Kaltstauch- und Fabrikationsdraht | Nein | Nein | Nein | Nein | 159.500 to |
| | Marnaval | Kaltstauch- und Fabrikationsdraht | Nein | Ja | Nein | Nein | |
| | Manois | hoher Karbongehalt | Nein | Nein | Nein | Nein | |
| | Ste. Colombe | Spannbeton | Nein | Nein | Nein | Nein | 163.000 to incl. B + I |
| | Perigueux | Nein | Nein | Ja | Nein | Nein | 27.500 to icl.Marnaval |
| **Conflandey** | Port sur Saône | weichgeglühter Draht | Nein | Nein | Nein | Nein | 60.000 to |
| | Xertigny | Kaltstauchdraht | Nein | Nein | Nein | Nein | 40.000 to |
| | Beuchot | Kaltstauch- und Fabrikationsdraht | Nein | Nein | Nein | Nein | 30.000 to |
| | Port-d'Atelier | mittlerer bis hoher Karbongehalt | Nein | Nein | Nein | Nein | 30.000 to |
| **SNTN** | Rugles | Kaltstauch- und Fabrikationsdraht | Ja | Nein | Nein | Nein | 40.000 to |
| **Lambert-Manufil** | Couëron | breite Produktpalette | Nein | Nein | Nein | Nein | n.b. |
| **WDI** | Hamm | Kaltstauch- und Fabrikationsdraht | Nein | Nein | Nein | Nein | n.b. |
| | Isernohn | Kaltstauchdraht | Nein | Nein | Nein | Nein | n.b. |
| | Rottenburg | Kaltstauch- und Fabrikationsdraht | Nein | Nein | Nein | Nein | n.b. |
| | Altgandersheim | Nein | Ja | Nein | Nein | Nein | n.b. |
| | Stassfurt | Nein | Ja | Nein | Nein | Nein | n.b. |
| **Fildra** | Overpelt Belgien | Fabrikationsdraht | Nein | Nein | Nein | Nein | n.b. |
| **DWI** | St. Ingbert | Kaltstauch- und Fabrikationsdraht | Ja | Nein | Nein | Nein | n.b. |
| | | verzinkt, PE-ummantelt | | | | | |

Bei der Konkurrenzbetrachtung konnte festgestellt werden, dass die Produktionsstandorte sich vor allem im Norden (Departements Nord, Pas de Calais, Saône-et-Loire) und Nord-Osten (Departement Meurthe-et-Moselle, Lorraine, Vosges) Frankreichs befinden.[63] Dies ist darauf zurückzuführen, dass es dort große Eisenerzvorkommen gibt. Eisengewinnung und -verarbeitung haben in diesen Regionen schon eine Jahrhunderte lange Tradition. Die Marktbearbeitung der französischen Konkurrenten erstreckt sich über ganz Frankreich. Die spanischen und italienischen Konkurrenten in Frankreich beschränken sich eher auf die Bearbeitung der südlichen Regionen Frankreichs, da hier die Frachtkosten in einem angemessenen Rahmen bleiben. Für die Marken *Neckardraht* und *Medra* sind die Entfernung und somit auch die Frachtkosten ein entscheidender Wettbewerbsnachteil den es zu berücksichtigen und wenn möglich auch zu minimieren gilt. Vom Produktionsstandort Eberbach bis zur französischen Grenze sind es ca. 175 km (2 Stunden Fahrt) und von Brandenburg zur französischen Grenze sind es ca. 700 km (6,5 Stunden Fahrt). Wie aus Kapitel 2.2.1.1 bekannt liegen die Hauptnachfrager in den Regionen Rhône Alpes, Ile de France und Nord Pas de Calais (Nord-Osten Frankreichs). Geschichtlich und geografisch gesehen hat sich die Draht verarbeitende Industrie dort angesiedelt, wo auch die Eisengewinnung stattgefunden hat. Der Grund hierfür lag vor allem an der Tatsache, dass es früher keine LKWs gab, die große Mengen in relativ kurzer Zeit transportieren konnten, man hatte nur Pferdekutschen und musste um profitabel zu bleiben nahe am Rohstofferzeuger sein.

---

63 Vgl. http://susi.e-technik.uni-ulm.de:8080/Meyers2/seite/werk/meyers/band/6/seite/0525/meyers_b6_s0525.html (14.07.06)

### 2.2.1.3 Vertriebsstruktur des Marktes

Wie Abbildung 26 zeigt, gestaltet sich die Vertriebsstruktur im Bereich Draht in Frankreich recht übersichtlich. Es gibt auf der einen Seite die Möglichkeit direkt an die Industrie zu liefern (Direktvertrieb) oder sich der Unterstützung von Händlern, welche laut §§ 93 ff. HGB auf Provisionsbasis arbeiten, oder dem Großhandel zu bedienen.

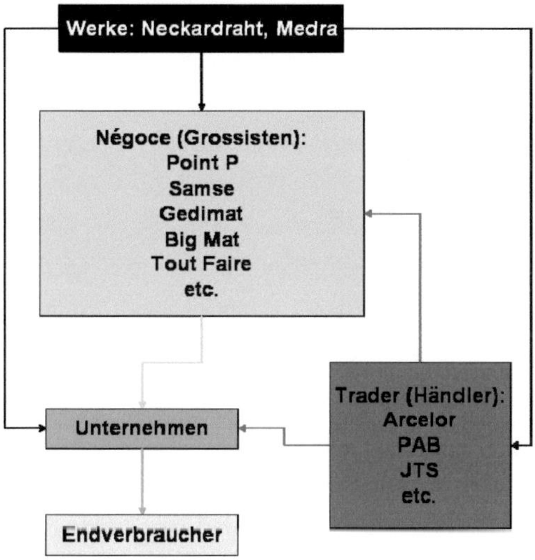


**Abb. 26: Vertriebsstruktur "Draht" in Frankreich**

Der direkte Vertrieb hat den Vorteil, einer größeren Gewinnmarge als bei der Einschaltung von Händlern (Trader) oder dem Großhandel (Négoce). Des Weiteren kann sich der Produzent seine Kunden selbst aussuchen und direkt mit ihnen an Verbesserungen der Produkte arbeiten, um die Produktion noch effektiver zu gestalten. Durch diese Tatsache wird auch gleichzeitig die Kundenbindung gestärkt und die Kundentreue bzw. –zufriedenheit wachsen. Der Kunde merkt auf diesem Wege, dass eine Zusammenarbeit mit ihm geschätzt wird und diese langfristig Bestand haben soll. Hierbei kann es vorkommen, dass dem Preis eine zweitrangige Bedeutung zukommt. Bei Annahme eines identischen Produktes mit denselben Eigenschaften und derselben Qualität, können sich Wettbewerber dadurch Vorteile verschaffen, dass sie pünktlicher liefern oder durch eine bessere Betreuung hervorstechen. Dies sind alles zusätzliche Leistungen, welche nicht direkt in einem Geldwert ausgedrückt werden können, aber dem Kunden trotzdem einen finanziellen Vorteil verschaffen. So kann er bei einer pünktlichen Lieferung ohne Pause weiter produzieren und somit seine Aufträge pünktlich fertigstellen. In der neueren Marketing-Literatur hat sich hier der Begriff „Value-Added-Services“ durchgesetzt, welcher in den letzten Jahren immer mehr an Bedeutung, gerade im Bereich von B2B-Märkten bzw. Industriegütern, gewonnen hat. Unter Value-Added-Services werden *„Sekundärdienstleistungen, die in Kombination mit einer Primärleistung ein Leistungsbündel ergeben, welches zumindest einzelnen Konsumentengruppen einen zusätzlichen Nutzen gegenüber anderen Leistungsbündeln mit gleicher Primärleistung verspricht“ Verstanden.*[64]

Nachteil beim direkten Vertrieb der Produkte ist, dass darauf geachtet werden sollte, dass die belieferten Kunden volle LKW-Ladungen abnehmen und einen konstanten Bedarf haben. Transporte per LKW werden grundsätzlich komplett bezahlt, das heißt unabhängig davon, ob sie voll oder nur zur Hälfte beladen sind. Viele Kunden sind verständlicherweise nicht bereit, bei Abnahme einer geringen Menge, einen kompletten LKW zu bezahlen. Sollte es doch welche geben, dann ist es natürlich kein Problem auch halb beladene LKWs zu versenden. Des Weiteren werden die Transportkosten auch daran gemessen, ob Rückfrachten nach Deutschland für die Spedition vorhanden sind. Momentan kann davon ausgegangen werden, dass auf 100 Frachten nach Frankreich lediglich 5 Frachten nach Deutschland kommen. Das Frachtverhältnis ist somit unausgeglichen. Strecken ohne Rückfrachten sind teurer und bei Speditionen unbeliebt. Es ist sogar so, dass mehrere Wochen gewartet werden muss, bis wieder ein LKW von Deutschland nach Frankreich fährt. Diese fahren quer durch Europa, bevor sie wieder in Deutschland, ihrem Ausgangspunkt, sind. Hier wäre die Überlegung anzustellen, ob es sinnvoll wäre selbst einige LKWs zu kaufen, um so einen eigenen Fuhrpark zu haben. Es wäre somit möglich in Engpasssituationen trotzdem pünktlich zu liefern und hiermit einen Wettbewerbsvorteil zu erzielen, die eigene Logistikabteilung müsste sich allerdings selbst um Rückfrachten kümmern. Bei Lieferungen aus Brandenburg nach Frankreich könnte sich die Geschäftsführung zudem überlegen, eine Kooperation mit einem französischen Speditionsunternehmen einzugehen. Viele Speditionen beliefern deutsche Unternehmen in Berlin und Umgebung und finden von dort aus wenige Rückfrachten nach Frankreich.

Beim indirekten Vertrieb besteht eine Abhängigkeit von den Handelspartnern sowohl aus wirtschaftlicher Sicht als auch aus Sicht der Kundenkontakte. Hier muss allerdings eine Unterscheidung zwischen dem Großhandel und dem Händler gemacht werden. Der Groß-

---

[64] Laakmann (1995); S. 22)

handel hat eigene Lagerkapazitäten, meist in Form eines Zentrallagers an einem Standort, und kann somit die Waren beim Hersteller kaufen und bei sich zwischenlagern. Von dort verteilt er sie dann an seine Kunden oder an andere Lagerstandorte in Frankreich. Der Händler kann dies in den meisten Fällen nicht, dieser vermittelt lediglich die Geschäfte zwischen Drahthersteller und verarbeitendem Unternehmen. Vom Großhandel sind die Marken *Neckardraht* und *Medra* in soweit wirtschaftlich abhängig, dass diese Großabnehmer sind. Würden die Grossisten von einem Tag auf den nächsten keine Waren mehr abnehmen bzw. zu einem Konkurrenten wechseln, so hätte der Produzent das Problem keine Kontakte zum verarbeitenden Gewerbe zu haben und somit im schlimmsten Fall keine Abnehmer für seine Waren. Zudem ist es so, dass der Großhandel auch kleinere Geschäftskunden beliefert, die eine geringe Menge an Draht brauchen. Die Marken *Neckardraht* und *Medra* können diese aus logistischen Gründen nicht direkt beliefern, weil entweder die Entfernung zwischen diesen Kunden zu groß oder die Absatzmenge nicht rentabel ist. Was die Händler mit dem Großhandel gemeinsam haben, sind die guten Kontakte zu Kunden, welche sich über Jahre hinweg entwickelt haben. Hierdurch entsteht einerseits eine Abhängigkeit für die Marken *Neckardraht* und *Medra* andererseits garantieren diese guten Kontakte gerade beim Markteintritt eine gewisse Abnahmemenge in relativ kurzer Zeit. Dies wiederum bedeutet, dass keine großen Werbe- bzw. Akquisitionsmaßnahmen seitens der *best gmbh marketing services* für die Marken *Neckardraht* und *Medra* gestartet werden müssen.

Allerdings ist es in beiden Fällen so, wie überall in der freien Wirtschaft, dass Angebot und Nachfrage den Preis bestimmen. Da momentan das Angebot an Draht größer als die Nachfrage ist und somit ein Angebotsüberschuss vorliegt, ist der Preis, den die Nachfrager bereit sind zu zahlen ziemlich niedrig und für die Produzenten uninteressant. Die Händler und der Großhandel sind trotz dieser Lage darauf aus einen beträchtlichen Anteil an der Gewinnmarge für sich in Anspruch zu nehmen. In diesem Zusammenhang müsste der von *Neckardraht* und *Medra* angebotene Draht mit einer geringeren eigenen Gewinnmarge an diese weiterverkauft werden um konkurrenzfähig zu bleiben. Die Geschäftsführung könnte sich deshalb auch überlegen auf deren Hilfe zu verzichten und Reisende einzustellen, welche im Namen des Unternehmens im Außendienst auf Kundenakquise gehen und dessen Interessen vertreten. Reisende sind kaufmännische Angestellte im Rahmen des Dienstvertrages nach § 611 ff. BGB und deshalb ergeben sich aus diesem Vertragsverhältnis für sie Treue-, Sorgfalts- sowie Gehorsamspflichten. Reisende sind neben den sonstigen Pflichten eines kaufmännischen Angestellten dazu verpflichtet, ihre Dienstherren über Geschäftsabschlüsse unverzüglich zu informieren (Meldepflicht) sowie Reisendenberichte abzufassen (Berichtspflicht).[65]

### 2.2.2 Drahtgeflechte

#### 2.2.2.1 Nachfrager

Bei den Drahtgeflechten muss zwischen gewerblichen und privaten Nachfragern unterschieden werden. Gewerbliche Nachfrager sind vor allem Unternehmen aus den Bereichen Zaunbau, Landschaftsgestaltung und öffentlicher bzw. privater Haus- und Gartenbau. In Frankreich gibt es etwa 500 Zaunbaubetriebe mit einem Gesamtumsatz von ca. 500.000 EUR. Es ist allerdings so, dass sie nicht die Exklusivrechte für die Zauninstallation besitzen. Ferner dürfen auch etwa 10.000 Landschaftsgärtnereien und etwa 15.000 Bauunternehmen bei der Ausübung ihrer Tätigkeit Zäune installieren.[66] Die größte Nachfragergruppe sind die privaten Haushalte, welche ihre Zäune selbst kaufen und zuhause installieren. Die ermittelte Anzahl von Haushalten in Frankreich beläuft sich auf 25.212.877.[67] Im Schnitt geben diese etwa 754 EUR für Heimwerkerartikel und etwa 238 EUR für Gartenartikel aus. (Drahtgeflechte können nicht abgegrenzt werden und werden sowohl unter Heimwerkerartikel als auch Gartenartikel geführt.) Laut einer Marktstudie haben jeweils ⅓ der Franzosen vor, sich im laufenden Jahr bzw. im Jahr 2007 neue Heimwerker- oder Gartenartikel zu beschaffen.[68]

---

[65] Vgl. BGB §§ 611 ff

[66] Vgl. http://www.paysagistes.enligne-fr.com (17.07.06)

[67] Vgl. Anhang 13: Konsum pro Département und Region 2005

[68] Vgl. http://www.observateur-cetelem.com/observateur/2006/pdf/ctlmobs_marches_06.pdf (17.07.06)

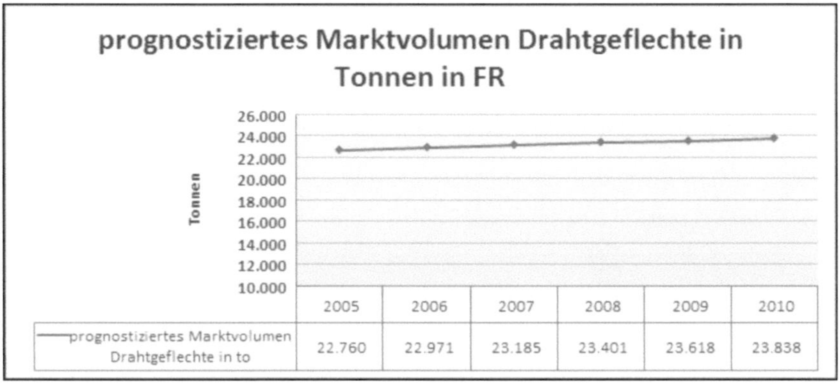


**Abb. 27: Prognostiziertes Marktvolumen für Drahtgeflechte in FR**

Das Marktvolumen für Drahtgeflechte hat sich in den vergangenen Jahren von einem hohen Niveau drastisch nach unten verlagert. Im Jahr 2000 betrug das Marktvolumen 33.000 Tonnen, im darauf folgenden Jahr wurde ein Rückgang um 13.000 Tonnen festgestellt. Diese Reaktion ist damit zu erklären, dass es der französischen Wirtschaft im Jahr 2001 sehr schlecht ging. Das Bruttoinlandsprodukt veränderte sich um nur 1,7% gegenüber dem Vorjahreswert, wobei in den Jahren zuvor immer ein Wachstum von ungefähr 3,5% verzeichnet werden konnte.[69] Aus dieser wirtschaftlich schlechten Lage heraus, waren die Menschen nicht mehr bereit ihr Geld für unnötige Investitionen auszugeben. Eine Folge war der Rückgang des Hausbaus und der Investitionen in Heimwerker- oder Gartenartikel. Seit dem Jahr 2001 geht es der französischen Wirtschaft wieder stetig besser, da die von der Politik durchgesetzten Maßnahmen ihre Wirkung zeigen. Bis ins Jahr 2010 erhofft sich die Wirtschaft ein Wachstum des Marktvolumens für Drahtgeflechte um 21,5% von 19.616 Tonnen (Jahr: 2001) auf 23.838 Tonnen. Es wird hierbei von einem jährlichen konstanten Wachstum von circa einem Prozent ausgegangen.[70]

[69] Vgl. http://www.diw.de/deutsch/produkte/publikationen/wochenberichte/docs/01-40-1.html (17.07.06)
[70] Vgl. Ministère de l'Économie, des Finances et de l'Industrie, Sessi (17.07.06)

#### 2.2.2.2 Wettbewerber

Der französische Markt für Drahtgeflechte wird, wie aus Abb. 28 ersichtlich, hauptsächlich von drei Unternehmen bestimmt, welche zusammen einen Marktanteil von 81% haben. Diese Unternehmen sind *betafence* (ehemals *Bekaert Fencing*) mit 33%, *Dirickx SAS* mit 27% und *Lippi La Clôture* mit 21%. *Grillages Schertz*, *Cavatorta France* und die sonstigen Unternehmen haben zusammen 19% Marktanteil.

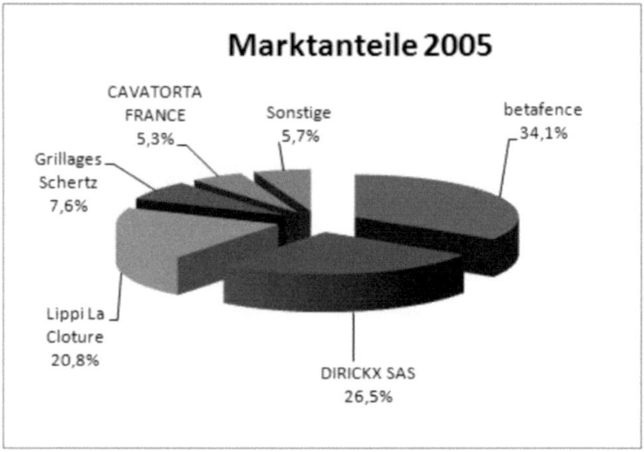


**Abb. 28: Hauptwettbewerber im französischen Markt für Drahtgeflechte**

Die Firma *betafence*, welche aus der Gruppe *Bekaert Fencing* entstand und auf etwa 125 Jahre Erfahrung im Bereich Einzäunungen zurückblicken kann, hat ihren Hauptsitz in Zwevegem in Belgien. In Frankreich haben sie eine Verkaufszentrale in Antony bei Paris und einen Produktionsstandort in Bourbourg bei Dunkerque (Dünnkirchen). Andere Produktionsstandorte befinden sich in Zwevegem (Belgien), Sheffield und Wigan (Great Britain), Schwalmtal und Werl (Deutschland), Tortoreto (Italien), Burgos (Spanien), Kotlarnia (Polen) und Cape Town (Südafrika). Zudem sind auch noch 25 Vertriebszentralen auf die verschiedenen Verkaufsgebiete (mehr als 90 Länder weltweit) verteilt. Das Unternehmen beschäftigt insgesamt 1.860 Mitarbeiter sowohl in der Produktion wie auch in der Verwaltung. Diese erarbeiten einen Gesamtumsatz von ungefähr 430 Mio. EUR pro Jahr und positionieren damit ihr Unternehmen als Marktführer in Europa im Bereich Einzäunungen. Auf den französischen Markt entfallen dabei circa 90 Mio. EUR.

**Abb. 29: Produktionsstandort der Firma *betafence* in Frankreich**

Im französischen Werk in Bourbourg (A), in dem etwa 300 Mitarbeiter angestellt sind, hat sich *betafence* auf die Produktion von Zäunen für den landwirtschaftlichen Gebrauch (z. B. Stacheldraht, Drahtgeflechte für Tiergehege) spezialisiert. Das Werk in Werl (*Betafence Werler Drahtwerke GmbH*) produziert die Produktkategorie „Security". Dies sind Tore und Gitterzäune, welche ihren Einsatz dort haben, wo ein Gelände bewacht werden muss (z. B. Einzäunung von Justizvollzugsanstalten). In Schwalmtal sitzt die *betafence Deutschland GmbH*, hier werden Zäune für Gärtner, die Landwirtschaft, professionelle Monteure und die Industrie hergestellt. Bei den anderen Werken sieht die Produktion ähnlich aus und wird hier nicht weiter erläutert. Es kann jedoch festgehalten werden, dass sich die Werke auf eine Produktgruppe konzentrieren und nicht die gesamte Produktpalette produzieren.[71]

Das Unternehmen *Dirickx SAS* gehört der *Dirickx Gruppe* an, welche 1921 gegründet wurde. Der Hauptsitz befindet sich in Congrier (Nähe Le Mans). *Dirickx SAS* beschäftigt etwa 420 Mitarbeiter und macht einen Umsatz von circa 70 Mio. EUR pro Jahr, was 50% des Gesamtumsatzes der Gruppe ausmacht. *Dirickx SAS* ist auf verschiedenen Märkten tätig: in der Landwirtschaft, im privaten Garten- und Hausbereich, im Bereich Sportgeländeeinfriedungen, in der Industrie und im öffentlich, administrativen Bereich. Die drei Produktionsstandorte Renazé, Congrier und Roanne haben zusammen eine Produktionsfläche von 55.000 m².

[71] Vgl. http://www.betafence.com/site/consumer/techinfo/index.asp (18.07.06)

**Abb. 30: Produktionsstandorte *Dirickx* in Frankreich**

Am Produktionsstandort Renazé (A) werden Metallgitterzäune, Tore und elektronische Zugangsüberwachungssysteme hergestellt. Es sind dort etwa 200 Mitarbeiter auf einer Produktionsfläche von 24.000 m² beschäftigt. In Congrier(B) ist eine Schlosserei, welche auch etwa 200 Mitarbeiter beschäftigt und etwa 20.000 m² Produktionsfläche bietet. Die Produktion der Schlosserei dient nicht zum direkten Verkauf, sondern zur Weiterverarbeitung in der Produktionsstätte Renazé. Die Produktionsstätte in Roanne (C) ist auf die Herstellung von Gitterzäunen spezialisiert und beschäftigt 25 Personen. Hier ist eine Produktionsfläche von circa 11.000 m² vorhanden.[72]

Das Unternehmen *Lippi La Clôture*, mit Hauptsitz in Mouthiers (A), entstand 1963 durch den Kauf des im XIX. Jahrhundert gegründeten Unternehmens *Établissements Millettes*. In den Folgejahren wurden neue Produktionsstandorte gebaut und/oder andere Firmen zugekauft. Allerdings gab es kein einheitlich geführtes Unternehmen, sondern jedes Unternehmen war autark. Erst im Jahre 2000 wurde der Entschluss gefasst ein einheitliches Unternehmen mit einer gemeinsamen Organisationsstruktur zu errichten, um so Kosten und Zeit bei der Abwicklung der Geschäfte zu sparen. Heute besitzt *Lippi La Clôture* 6 Produktionsstandorte in Mouthiers, La Couronne, Luçon, Rives sur Fure und Vern sur Seiche und einen Logistikstandort in Verquières. Die 350 Mitarbeiter der Firma erwirtschaften einen Gesamtumsatz von circa 55 Mio. EUR pro Jahr, hiervon 20% (11 Mio. EUR) auf über 40 Exportmärkten.

---

[72] Vgl. http://www.dirickx.fr (17.07.06)

**Abb. 31: Produktions- und Logistikstandorte von *Lippi La Clôture* (Quelle: http://www.lippi.fr/images/carte.gif vom 19.07.06)**

Die älteste aller Produktionsstätten befindet sich in La Couronne (C) und stammt noch aus dem Besitz der Firma *Établissements Millettes*, wobei in den folgenden Jahren Anbauten gemacht wurden. In La Couronne werden hauptsächlich Drahtgeflechte gefertigt. Der Produktionsstandort Mouthiers (B) wurde 1980 erbaut und hat eine Produktionsfläche von 4.000 m², welche ausschließlich für die Produktion von Drahtgeflechten und Gitterzäunen verwendet werden. Die 1983 übernommene Produktionsstätte in Luçon (D) ist spezialisiert auf die Produktion von Stacheldraht, welcher vor allem für den landwirtschaftlichen Markt bestimmt ist. Um die Produkte besser im Süd-Osten vertreiben zu können, wurde 1994 die Firma *MIA-Distribution* in Verquières (F) im Département Provence-Alpes-Côte d'Azur gegründet. Das Ziel war und ist eine zeitgemäße Lieferung innerhalb Frankreichs und Europas gewährleisten zu können. 1996 wurde dann auch noch das Unternehmen *Fortex* aufgekauft. Somit sicherte sich *Lippi* einen Produktionsstandort in Rives sur Fures (E), in der Nähe von Grenoble, und konnte seine Produktionspalette um Drahtgeflechte mit Doppelschlag, für den Schutz vor Steinrutschen an Senklagen, erweitern. Mit dem Aufkauf der Mehrheitsanteile an der Firma *Quere* im Jahre 1999 sicherte sich *Lippi* in Rennes (G) eine weitere Produktionsstätte, in welcher sowohl Gitterzäune als auch Maschendrahtzäune, diese in normaler Ausführung als auch in Edelstahl, gefertigt werden können. Die Gesamtfläche der Anlage beträgt 10.000 m², wobei etwa 4.000 m² zur Produktion verwendet werden. Die restlichen 6.000 m² dienen als Lagerfläche und ermöglichen es dem Unternehmen im Westen Frankreichs eine weitere Logistikzentrale zu betreiben. Eine weitere Produktionsstätte wurde 2002 in Rives sur Fure (E) in Partnerschaft mit dem Unternehmen *Heclips* errichtet. Der Schwerpunkt in der

Produktion liegt hier in der Fertigung mobiler Gittertore, welche als Einfahrt auf Firmengelände oder Wohnanlagen dienen.[73]

Das viertgrößte Unternehmen auf dem französischen Drahtgeflechtmarkt ist *Grillages Schertz* mit Sitz in Berthelming im Osten Frankreichs. Das Unternehmen hat circa 50 Mitarbeiter und erwirtschaftet einen Umsatz von rund 20 Mio. EUR pro Jahr auf dem französischen Markt. Zu seiner Angebotspalette gehören Gitterzäune, Stacheldraht, Drahtgeflechte sowie das zur Montage notwendige Zubehör. (Außerdem noch erhältlich sind Wäscheleinen mit Ständer und Drahtstifte). *Grillages Scherz* selbst produziert 4-Eck-Drahtgeflechte auf 6 Geflechtmaschinen, den Rest kauft das Unternehmen von Handelspartner hinzu, um sein Sortiment zu erweitern. Im Jahr hat *Grillages Schertz* bei dieser Maschinenanzahl eine Produktionskapazität von ungefähr 1.500 Tonnen bei einem 2-Schicht-Betrieb. Den für die Produktion benötigten Draht kauft *Grillages Schertz* unter anderem bei der Marke *Neckardraht*. Am Anfang des Jahres 2006 wurde mit *Grillages Schertz* eine voraussichtliche Abnahmemenge von 50 Tonnen vereinbart. *Grillages Schertz* kauft zudem auch Ziergitter bei der Marke *Neckardraht*, da das Unternehmen diese nicht selbst produzieren kann. 4-Eck-Drahtgeflechte werden in der Hauptsaison auch hinzugekauft, wenn der Bedarf größer als die Produktionskapazitäten ist. Anstelle des *Neckardraht* Logos wird dann das Logo von *Grillages Schertz* angebracht. Hier wurden für das Jahr 2006 Abnahmemengen in Höhe von 40 Tonnen veranschlagt. Um die Produkte und zum Kunden zu liefern unterhält *Grillages Schertz* einen eigenen LKW-Fuhrpark mit ungefähr 10 kleineren und größeren LKWs. Somit können kleinere Kunden in der Umgebung, welche nur geringe Mengen bestellen, in einer Tour beliefert werden. Es macht das Unternehmen aber auch flexibel in Bezug auf die Lieferpünktlichkeit und die Transportkosten. Auf der einen Seite ist *Grillages Schertz* als Kunde zu sehen und auf der anderen Seite als Konkurrent. Dies kann für die Marke *Neckardraht* zu einem Problem werden, wenn der Entschluss gefasst werden sollte diesem Unternehmen den französischen Markt für Drahtgeflechte streitig zu machen. Im schlimmsten Fall würde sich *Grillages Schertz* komplett als Handelspartner zurückziehen und seine Drähte und Ziergitter bei der Konkurrenz kaufen. Hier gilt es nun abzuwägen, was für die Marke *Neckardraht* am sinnvollsten ist. Die Geschäftsführung könnte sich zum Beispiel Gedanken über eine Kooperation oder sogar einen Kauf des Unternehmens machen. Dies hätte den Vorteil einer näheren Verkehrsanbindung, einer weiteren Produktionsstätte und was auch sehr wichtig ist,

[73] Vgl. http://www.lippi.fr (20.07.06)

der Verwendung der guten Kundenkontakte und Marktanteile von *Grillages Schertz*. Der bereits vorhandene LKW-Fuhrpark ist auch nicht außer Acht zu lassen, da er auch die Flexibilität der Marke *Neckardraht* erhöht. So ist es vorstellbar, dass die LKWs im Pendelverkehr zwischen Berthelming, Kehl und Eberbach Güter verschieben bzw. zum Transport an Kunden dienen können. Die Bedienung von Kleinkunden im Süddeutschen Raum, wie es bereits von Eberbach aus geschieht, und dem Elsass sollte hier als Standortvorteil in Betracht gezogen werden.[74]

Das italienische Unternehmen *Cavatorta*, welches im Jahre 1961 gegründet wurde, mit ihrem Hauptsitz in Calestano (Nähe Parma) ist mit 5% Marktanteil der fünftgrößte Hersteller von Drahtgeflechten auf dem französischen Markt. *Cavatorta* hat sieben Produktionsstandorte, davon sind sechs in Italien und eine in Soissons (Frankreich) (A).

**Abb. 32: Produktionsstätte Frankreich von *Cavatorta* in Soissons**

Insgesamt arbeiten ungefähr 500 Mitarbeiter an den Standorten in Italien und Frankreich. Der Produktionsstandort Soissons hat eine Produktionsfläche von 20.000 m², die Werksarbeiter arbeiten dort im 3-Schicht-Betrieb 24 Stunden durchgehend. Laut Unternehmensphilosophie müssen immer 70.000 Rollen auf Lager sein, welche innerhalb von 72 Stunden an ihrem Bestimmungsort in ganz Frankreich sein müssen. Die für die Produktion nötigen gezogenen und verkupferten Drähte werden aus Italien importiert und in Soissons zu den Endprodukten weiterverarbeitet. Außer den Drahtgeflechten und Gitterzäunen bietet *Cavatorta* auch Zu-

[74] Vgl. http://www.schertz.fr (19.07.06)

behör für den Zaunbau und Drahtstifte an. So sind zum Beispiel plastikummantelte Spann- und Bindedrähte, spezielle Gitter für Sicherheitseinzäunungen und Drahtspanner erhältlich.[75]

Unter Sonstige fallen kleinere Unternehmen wie zum Beispiel die deutschen Drahtgeflechthersteller *Drahtwerke St.Ingbert*, welches zur Saarstahl Gruppe gehört und etwa 2.500 Tonnen pro Jahr produziert. Ein weiteres Unternehmen ist *Voelckel* aus Frankreich. Diese produzieren Drahtgeflechte auf Anfrage, ihre Jahresmenge ist relativ gering.

In der Gesamtbetrachtung kann festgehalten werden, dass die Produktionsstandorte in ganz Frankreich verteilt sind und es nicht unbedingt eine Region gibt, die von Drahtgeflechthersteller bevorzugt wird. Was jedoch auffällt, ist, dass jeder ernst zu nehmende Konkurrent, welcher im französischen Markt tätig ist, seinen Produktionsstandort auch in Frankreich hat und sich aufgrund dieser Tatsache mit dem Land identifizieren kann. Somit ist es durchaus denkbar, dass beim Kauf der Produkte auch die Lage des Produktionsstandorts in die Kaufentscheidung mit einfließt und zu einem positiven Ergebnis für den Hersteller führen kann.

#### 2.2.2.3 Vertriebsstruktur des Marktes

Beim Vertrieb von Drahtgeflechten gibt es generell die Möglichkeit eines direkten und eines indirekten Vertriebs.

[75] Vgl. http://www.cavatorta.fr (19.07.06)

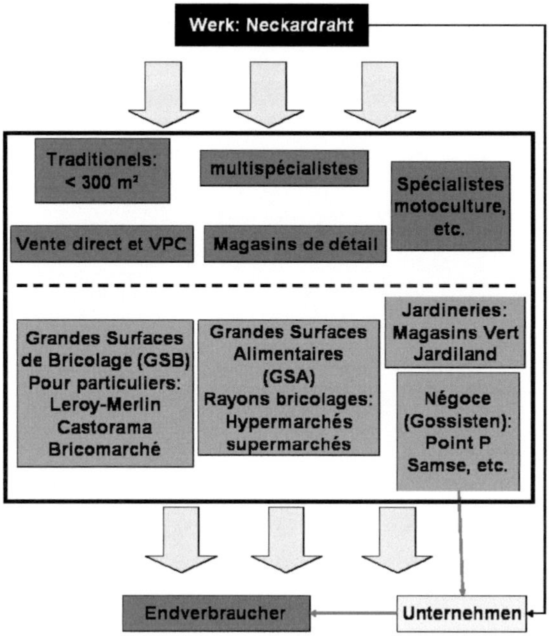


**Abb. 33: Vertriebsstruktur "Drahtgeflechte" in Frankreich**

Beim direkten Vertrieb werden zum Beispiel Zaunbauer, Landschaftsgärtnereien und Bauunternehmen beliefert, welche dann die Zäune beim Endverbraucher installieren. Solche Unternehmen nehmen in der Regel nur kleinere Mengen pro Bestellung ab und der Produzent hat hier das Problem LKWs voll beladen zu müssen um rentabel zu sein. Bei einer regionalen Lieferbeschränkung (z. B. Elsass und Süddeutscher Raum) von Kunden und regelmäßigen Touren, wäre der direkte Vertrieb dieser Produkte sicher interessant und als Marktnische zu sehen. Bei den Zaunbauern, etc. hätte die Marke *Neckardraht* mit Sicherheit Kunden, welche auch auf lange Sicht beim selben Lieferanten bleiben, vorausgesetzt die Qualität stimmt. Dies würde sich dann zudem positiv auf das Image des Unternehmens auswirken und dem Slogan: „Qualitätsprodukte aus dem Hause *Neckardraht*“ gerecht werden. Für eventuelle Marketingaktionen im Bereich der Kommunikation hätte bestünde die Möglichkeit diese Kunden als Referenz zu nehmen und so die Aussage des Slogans zu bekräftigen. Wer könnte besser über Qualität urteilen als der Fachmann selbst?

Der indirekte Vertrieb läuft in Frankreich üblicherweise über zwei Schienen, dem „marché de bricolage“ und dem „marché de jardinage“. Unter „marché de bricolage“ werden Heimwerkermärkte verstanden, welche zusätzlich zu ihren Heimwerkerartikel wie Bohrmaschinen, Schrauben, etc. eine Gartenabteilung betreiben. Dort kann der Kunde dann Blumen, Töpfe und auch Drahtgeflechte kaufen. Der jährliche Umsatz beträgt ungefähr 16 Mrd. EUR und ist seit dem Jahre 2002 in stetigem Wachstum. In den Jahren 2002 bis 2004 lag dieses bei durchschnittlich 4%, 2005 bei knapp 3,5% und 2006 gehen Experten von einem geringeren Wachstum von circa 3% aus. Die Belieferung dieser Märkte erfolgt zu 65% über die GSBs (z. B. *Leroy-Merlin, Bricomarché, Castorama*), zu 24,2% über die Négoce (Grossisten) und jeweils zu 5,4% über die GSAs und die Traditionnels (Einzelhändler bzw. Heimwerkergeschäfte).[76] Die „marché de jardinage“ sind auf Gartenartikel spezialisiert. Kunden dieser Märkte finden dort vor allem Blumen, Keramik, Gartengeräte und –möbel. Der Umsatz in dieser Sparte ist seit dem Jahre 2002 im Wachstum, allerdings ist es ein sehr wetterabhängiges Geschäft. Das Wachstum schwankt sehr stark, so konnte man 2002 ein Plus von 2,9% vermelden, 2003 lediglich +0,3% und 2004 wieder +4,6%. Für das Jahr 2006 wird ein Wachstum von 1,5% erwartet, was einem Umsatz von circa 6 Mrd. EUR entspricht. Es dürften allerdings mehr werden, da das Wetter in diesem Jahr besser als erwartet ausgefallen ist. Die Belieferung erfolgt hier zu 22,7% über die GSBs, zu 19,3% über die Jardineries (*Truffaut, Jardiland, Botanic*), zu 16,8% über Hyper- und Supermärkte, zu 13,7% über die LISA (z. B. *Point Vert, Gamm Vert*), zu 10,7% über Spécialistes motoculture, zu 8,1% über Magasins de détail. Die verbleibenden 8,7% werden direkt an die Endverbraucher vertrieben.[77] *„Bedeutende Anbieter in diesem Segment sind unter anderem: GAMM VERT mit ca. 460 Mio. € Umsatz, eine Gruppe von LISA mit ca. 635 angeschlossenen selbstständigen Geschäften mit einem auf den Bedarf in ländlichen Gebieten ausgerichteten Sortiment von ca. 7.000 Artikeln; JARDILAND (Einkaufszentrale TRIPODE) mit 113 Franchise-Outlets, ca. 20.000 Artikeln und einem Umsatz von ca. 440 Mio. €; BOTANIC mit 40 angeschlossenen Gartencentern vorwiegend im Südosten und Osten Frankreichs und TRUFFAUT mit 40 Centern, von denen einige zwischen 5.000 und 6.000 m² und das größte ca. 12.000 m² groß ist.“*[78]

---

[76] Vgl. http://www.observateur-cetelem.com/observateur/2006/pdf/ctlmobs_marches_06.pdf (24.07.06)
[77] Vgl. http://www.observateur-cetelem.com/observateur/2006/pdf/ctlmobs_marches_06.pdf (24.07.06)
[78] http://www.promarex.de/index.php?option=com_content&task=view&id=22&Itemid=19 (24.07.06)

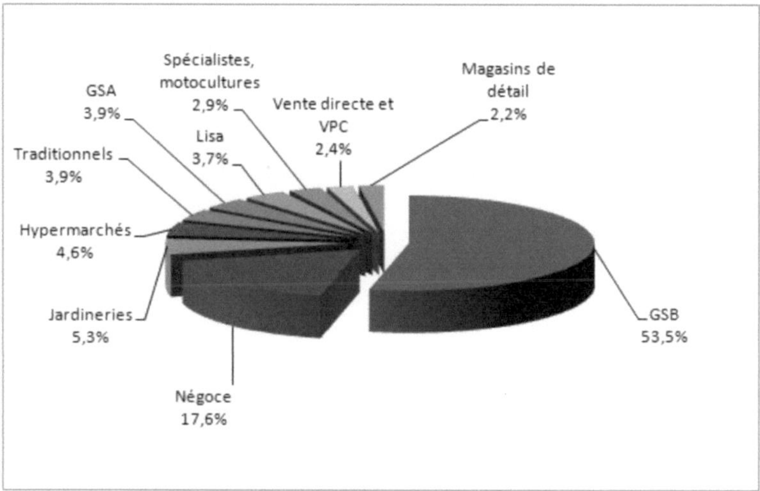


**Abb. 34: Wichtigkeit der verschiedenen Distributionskanäle in Frankreich**

Bei ganzheitlicher Betrachtung der Distributionskanäle beider Segmente („marché de bricolage" und „marché de jardinage") wird deutlich, dass die Produkte zum größten Teil über die GSBs (53,5%) und die Négoce (17,6%) vertrieben werden. Die restlichen Distributionskanäle haben zusammen einen Anteil von 28,9%. (siehe Abb. 35) Bei genauerer Betrachtung der Distributionskanäle GSB und Négoce fällt auf, dass bei den GSBs eine Marktkonzentration stattfindet. Alleine 5 GSBs haben einen Marktanteil von 88,4%. Diese sind, wie aus Abb. 36 ersichtlich, *Kingfisher* (*Castorama, Bricodepot*) mit 31,3%, *Leroy Merlin* (*Leroy Merlin, Bricoman, OBI*) mit 23,8%, *Bricomarché* (*Bricomarché, Logimarché*) mit 13,2%, *Monsieur Bricolage* (*Mr. Bricolage, Catena, Super Catena*) mit 12,9% und schließlich *Domaxel* (*Weldom*) mit 6,5%. Bei den GSBs machen die Gartenartikel, inklusive Drahtgeflechte, 14,3% des Umsatzes aus.[79] Diese Marktkonzentration hat den Vorteil, dass die Marke *Neckardraht* sich bei der Suche nach Absatzmittlern nur auf 5 GSBs konzentrieren muss und somit einen Großteil des Marktes abdeckt. Allerdings bleibt zu bedenken, dass bei solchen oligopolistischen Marktstrukturen (viele Produzenten - Anbieter, wenige GSBs -

---

[79] Vgl. http://www.unibal.org/upload/Le%20Marché%20du%20Bricolage%20en%20France%20en%202003%2004051 1.pdf (27.07.06)

Nachfrager) die GSBs bei den Preisverhandlungen im Vorteil sind.[80] So können sie nicht nur die Preise drücken, sondern auch Anforderungen an die Qualität, Lieferpünktlichkeit und zusätzliche Vertragsklauseln, wie zum Beispiel Einjahresverträge mit einem über die Dauer festgelegten Abnahmepreis, stellen.[81] Als Produzent bleibt nur die Wahl auf das Angebot einzugehen und zu hoffen, dass die Preise nicht fallen, oder das Angebot nicht anzunehmen und eine große Abnahmemenge zu verlieren.

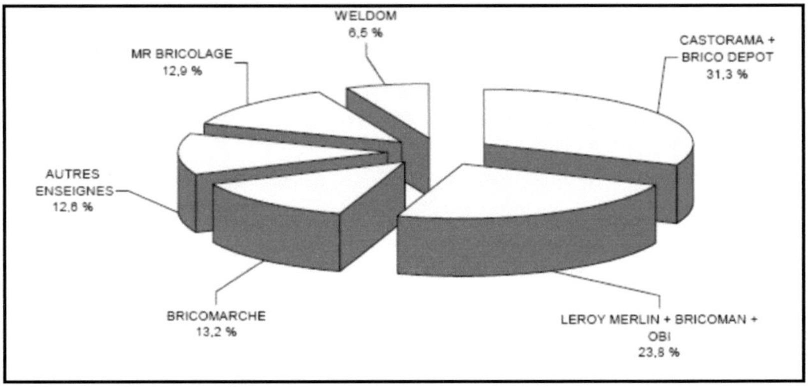


**Abb. 35: Marktanteile der GSBs in Frankreich (Quelle: Unibal)**

Bei den Négoce (Grossisten), mit einem Anteil von 17,6%, ist die Marktkonstellation anders. Im Bereich „marché de bricolage" und „marché de jardinage" wird von einem polypolistischen Markt gesprochen, weil dort viele Grossisten tätig sind und viele Produzenten, deren Dienste in Anspruch nehmen, um so ihre guten Kontakte im französischen Markt zu nutzen. Die Grossisten beliefern alle Marktteilnehmer von den kleinen Traditionels bis hin zu den GSBs.[82] Dies kann allerdings zu Problemen führen, falls es zu Überschneidungen in der Distribution kommen sollte. Dies kann passieren, wenn zum Beispiel die Marke *Neckardraht* mit mehreren Grossisten arbeitet und diese dieselben Kunden beliefern oder wenn die Marke *Neckardraht* selbst GSBs beliefert, welche auch durch beauftragte Grossisten beliefert werden. In solchen Fällen muss vorher abgewogen werden, welche Partnerschaft die größten Absatzchancen und den größten ökonomischen Nutzen bringt. Grossisten sind im All-

---

[80] Meffert (2000); S. 505
[81] Vgl. http://tracenews.info/tracenews/imprimer.php3?id_article=21031 (27.07.06)
[82] Meffert (2000); S. 505

gemeinen sinnvoll bei der Belieferung von Zaunbaubetrieben, falls diese nicht schon über den direkten Vertrieb beliefert werden, oder bei der Belieferung kleinerer Einzelhändler. Gerade im Bereich „marché de jardinage“ ist es so, dass die Betriebe eher flächenmäßig kleiner und zum größten Teil Familienbetriebe sind.[83] Für die Marke *Neckardraht* ist es nicht rentabel alle kleinen Betriebe direkt zu beliefern und bedarf der logistischen Hilfe eines Grossisten, welcher große Mengen abnimmt und weiter verteilt. Grossisten besitzen zudem oft verschiedene Lager und Niederlassungen in ganz Frankreich verteilt und können somit eine gezielte Belieferung betreiben.

### 2.2.3 Drahtstifte

#### 2.2.3.1 Nachfrager

Nachfrager nach Drahtstiften können sowohl privater wie auch gewerblicher Herkunft sein. Bei den privaten Haushalten werden Drahtstifte vor allem im Hobby- und Freizeitbereich (Basteln und Heimwerken) verwendet. Sie haben geringere Ansprüche an die Drahtstifte als die Gewerbebetriebe und verwenden in erster Linie den Preis als Kaufentscheidungskriterium. Momentan wird in Frankreich von etwa 25 Mio. Haushalten ausgegangen. Diese Zielgruppe hat, selbst wenn nicht unbedingt davon ausgegangen werden kann, dass sie einen konstanten Bedarf hat, eine große Bedeutung für die Drahtstifthersteller.[84] So ist es unwahrscheinlich, schon angesichts der Verpackungsgröße (1 Kg oder mehr), dass ein Privatmann diese Menge in kürzester Zeit verbrauchen kann. Bei den gewerblichen Nachfragern muss danach unterschieden werden, ob es sich um Handwerksbetriebe oder Industriebetriebe handelt. Handwerksbetrieb ist jeder stehende Gewerbebetrieb, der handwerksmäßig selbstständig betrieben wird und vollständig oder in wesentlichen Tätigkeiten ein Gewerbe umfasst, das in der Anlage A zur Handwerksordnung aufgeführt ist. Im Gegensatz zum Industriebetrieb sind Merkmale des Handwerks die geringere Betriebsgröße, ein geringerer Grad der Technisierung, die persönliche Mitarbeit des Betriebsinhabers, die Einzelfertigung aufgrund individueller Bestellung, die Fertigung mehr nach lokalen Bedürfnissen, eine umfassendere

[83] Vgl. http://www.unibal.org/upload/Le%20Marché%20du%20Bricolage%20en%20France%20en%202003%20040511.pdf (27.07.06)

[84] Vgl. http://www.observateur-cetelem.com/observateur/2006/pdf/ctlmobs_marches_06.pdf (17.07.06)

Ausbildung der Mitarbeiter.[85] Der Großteil, etwa 90%, der Unternehmen in Frankreich beschäftigen weniger als 10 Mitarbeiter. Rund 41% arbeiten als Einmannunternehmen, weitere 20% verfügen neben dem Chef noch über einen Angestellten. In 25% der Firmen arbeiten zwei bis fünf angestellte Mitarbeiter.[86] Die Bestellmenge dieser Betriebe ist in der Regel, auf den Monat bezogen, gering. Es wird zwar regelmäßig bestellt allerdings nicht in kompletten LKW-Ladungen, sondern kiloweise. Wie auch schon in Kapitel 2.2.3.3 näher beschrieben, besteht hier ein Problem bei der Belieferung. Im Jahr 2005 zählte der Handwerksverbande „Union Professionelle Artisanal" 859.076 Handwerksbetriebe in den verschiedenen Sektoren. Nachfrager nach Drahtstiften sind bei den Handwerksbetrieben vor allem die Branchen Bau mit 339.831 Unternehmen, Metallbearbeitung mit 45.302 Unternehmen, Holz und Möbel mit 30.162 Unternehmen und die anderen Produktionsbetriebe mit 59.487 Unternehmen (in Summe: 474.782 Unternehmen).[87] Die Anzahl der Industriebetriebe, welche im verarbeitenden Gewerbe und im Baugewerbe tätig sind und mehr als 20 Mitarbeitern beschäftigen, belief sich 2005 in Frankreich auf etwa 100.000, Tendenz steigend.[88]

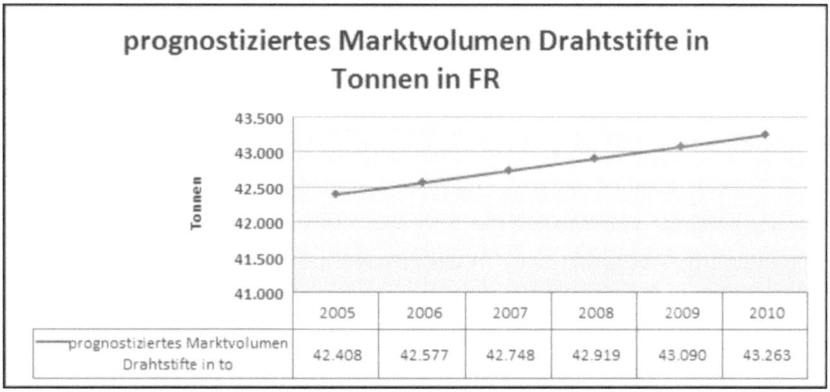


**Abb. 36: Prognostiziertes Marktvolumen Drahtstifte in FR**

[85] Vgl. HwO (2004); §§ 1-20

[86] Vgl. http://www.bfai.de/ext/Einzelsicht-Export/DE/Content/__SharedDocs/Links-Einzeldokumente-Datenbanken/fachdokument,templateId=renderPrint/MKT20050518095959.pdf (28.07.06)

[87] Vgl. http://www.upa.fr (28.07.06)

[88] Vgl. Ministère de l'Économie, des Finances et de l'Industrie, Sessi, enquête annuelle d'entreprise

Das Marktvolumen belief sich, wie aus Abb. 37 ersichtlich, im Jahre 2005 auf 42.408 Tonnen.[89] Bis zum Jahre 2010 ist mit einem Marktwachstum um 2% auf 43.263 Tonnen zu rechnen. Die Gründe liegen zum einen an der steigenden Anzahl an Unternehmensneugründungen, begründet durch die verbesserte Wirtschaftslage in Frankreich, und zum anderen an der 35-Stunden-Woche.[90] *„Die verkürzten Arbeitszeiten bringen den Franzosen mehr Freizeit. Eine Umfrage unter Angestellten ergab, dass 41% der Befragten seit der Umstellung auf die 35-Stunden-Woche die neu gewonnene Freizeit mit Gartenarbeit oder Heimwerkerei verbringen.“*[91]

#### 2.2.3.2 Wettbewerber

Der Markt für Drahtstifte wird in Frankreich, wie auch in den anderen europäischen Ländern, von osteuropäischen Produzenten dominiert. Die weiteren Konkurrenten sind *TE Pointes*, *Cavatorta* und *Lambert-Manufil*. Wie aus Abb. 38 zu erkennen, verteilt sich der Marktanteil zu 90% auf die Ostproduzenten, zu 4% auf *TE Pointes*, zu jeweils 3% auf *Cavatorta* und *Lambert-Manufil*.

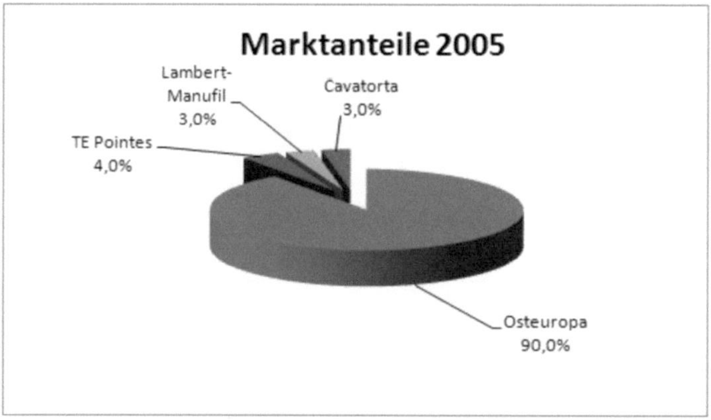


**Abb. 37: Hauptwettbewerber im französischen Markt für Drahtstifte**

---

[89] Statistisches Bundesamt
[90] Vgl. http://www.diw.de/deutsch/produkte/publikationen/wochenberichte/docs/01-40-1.html (17.07.06)
[91] http://portal.wko.at/wk/pub_detail_file.wk?AngID=1&DocID=102338 (28.07.06)

Die Konkurrenten aus Osteuropa produzieren in Tschechien, Russland, Weißrussland, Litauen oder in der Ukraine. Hier sind die Produktionskosten geringer als beispielsweise in Deutschland, dies ist vor allem durch ein geringeres Lohnniveau und die schon im Kapitel 2.1 beschriebenen politischen Preisen begründet. *„Unter Einbeziehung aller mittel- und osteuropäischen Staaten belief sich der durchschnittliche Bruttolohn der Region Osteuropa im Jahr 2003 auf etwa 16% des deutschen Lohnniveaus. Die Spannweite reicht von 4% in der Ukraine bis 50% in Slowenien. In den grenznahen EU-Beitrittsstaaten Tschechien, Polen, Ungarn und Kroatien liegt das durchschnittliche Lohnniveau bei 25% der deutschen Löhne und Gehälter. Aufgrund des hohen Qualifikationsniveaus der Arbeitskräfte dieser letztgenannten Staaten, eignen sich diese Standorte nicht nur für lohnintensive Produktionsstätten."*[92] Bei den politischen Preisen bleibt abzuwarten wie lange die osteuropäischen Staaten noch die Unternehmen subventionieren. Sollte es zu einem Ende der Subventionen kommen, so würden die Produktionskosten und die Preise für Drahtstifte steigen und die mitteleuropäischen Produzenten hätten wieder eine gute Ausgangsposition im Wettbewerb. Zudem sind die Frachtkosten von Ländern wie Russland oder der Ukraine bis nach Mitteleuropa enorm. Ganz zu schweigen von der Lieferzeit, welche mindestens eine Woche beträgt. Momentan können diese beiden erheblichen Nachteile alleine durch die staatlichen Subventionen getragen werden. Sie lassen sogar noch einen Gewinn, mit für mitteleuropäische Verhältnisse unwirtschaftlichen Preisen, zu. Es ist allerdings momentan noch so, dass die dort in Großmengen produzierten Drahtstifte teilweise noch nicht das Qualitätsniveau von in Deutschland produzierten haben. Für den normalen privaten Gebrauch reichen sie allemal aus. Gewerbliche Abnehmer sind allerdings immer sehr skeptisch bei diesen Drahtstiften. Für sie ist in erster Linie wichtig ein sicheres Handwerkzeug zu haben, welches ihren Ansprüchen genügt. Danach folgt für die Gewerbebetreibenden im zweiten Schritt der Verkaufspreis.[93] Der Vorteil der Marke *Neckardraht* liegt darin, dass das Unternehmen eine jahrelange Erfahrung in der Produktion vorzuweisen hat. Dies verdeutlicht sich in den qualitativ hochwertigen Drahtstiften, welche in Deutschland einen guten Ruf haben und den Ansprüchen der gewerblichen Abnehmer mehr als genügen.[94] Zudem kommt hinzu, dass die Drahtstiftmaschinen nur zu 30% ausgelastet sind und so noch freie Produktionskapazitäten von 7.000 Tonnen pro Jahr vorhanden sind. Eine Erhöhung der Produktionsmenge bei

---

[92] http://www.hamburger-illustrierte.de/content/htm/tic/2003/12/23/dgb231203.pdf (25.07.06)
[93] Interne Quellen
[94] Vgl. Interne Untersuchungen

steigender Nachfrage ist somit ohne weiteres möglich. Dies wiederum bedeutet sowohl eine Fixkostendegression als auch die Nutzung von Maschinen, welche schon seit Jahren abgeschrieben sind.

*TE Pointes* (*Tréfileurope Pointes*), welche zur *Mittal Steel Groupe* gehört, hat ihren Hauptsitz in St. Dizier (Haute-Marne). Die Produktionsstätten befinden sich in Marnaval (Vorort von St. Dizier) und Perigueux (Nähe Bordeaux). Die dortigen Maschinen haben eine Gesamtkapazität von 27.500 Tonnen pro Jahr, ihre Auslastung im Jahr 2003 belief sich auf 15.000 Tonnen.[95] Internen Recherchen zufolge hat *TE Pointes* seine Produktion in den Osten Europas nach Polen verlagert, um so Lohnkosten einzusparen und konkurrenzfähiger zu sein. Der Vertrieb der von *TE Pointes* produzierten Drahtstifte konzentriert sich auf zwei Bereiche, Privatanwender und die Industrie. So beliefern sie auf der einen Seite Heimwerkermärkte, Möbelhersteller und das Baugewerbe und auf der anderen Seite die Industriebetriebe (DB-Holzpalettenhersteller, etc.). Die Heimwerkermärkte werden vom Zentrallager in Perigueux, in dem immer ein Drahtstiftbestand von mehr als 2.000 Tonnen für Just-in-Time Lieferung auf Lager ist, beliefert. Zur Produktpalette von *TE Pointes* zählen ungefähr 370 verschiedene Drahtstiftsorten.[96]

Wie bereits in Kapitel 2.2.2.2 angesprochen ist *Cavatorta* ein italienisches Unternehmen mit Hauptsitz in Calestano (Nähe Parma). Die Drahtstifte werden ausschließlich in Italien produziert und nach Frankreich exportiert. Somit fallen auch hier, wie bei der Marke *Neckardraht*, Transportkosten an und die logistischen Probleme sind vergleichbar. Der Hauptsitz in Frankreich ist in Soissons (vergleiche Abb. 33). *Cavatorta* kann eine breite Produktpalette an Drahtstiften aufweisen und somit auch eine Vielzahl an Kundengruppen erreichen.[97]

Der Firmensitz der Firma *Ets Lambert-Manufil*, welcher eine Produktionsfläche von 1,5 ha hat, befindet sich in Couëron, in der Nähe von Nantes im Westen Frankreichs (siehe Abb. 25). Das Unternehmen besitzt 25 Drahtstiftpressen und zwei automatische Verpackungseinheiten. Die maximal mögliche Jahreskapazität dürfte somit bei etwa 5.000 Tonnen im 2-Schicht-Betrieb liegen.[98] *Lambert-Manufil* produziert Drahtstifte sowohl für den privaten wie auch industriellen Gebrauch, Hauptabnehmer sind Heimwerkermärkte und DB-Holzpalettenhersteller.

---

[95] Vgl. http://sec.edgar-online.com/2004/03/10/0000947871-04-000715/Section6.asp (12.07.06)
[96] Vgl. http://www.ispat.com (30.07.06)
[97] Vgl. http://www.cavatorta.it (20.07.06)
[98] Interne Quellen

Als zusammenfassende Betrachtung kann festgehalten werden, dass die Drahtstiftproduktion stärker in den Osten Europas verlagert wird und von dort immer mehr Produzenten auf den französischen bzw. mitteleuropäischen Markt drängen. Der Preis für in Osteuropa produzierte einfache Drahtstifte beträgt auf dem französischen Markt circa 550 - 600 € pro Tonne, in Deutschland produzierte Drahtstifte werden dort zu einem Preis von 750 - 800 € pro Tonne angeboten.[99] Wer auf diesem Markt als mitteleuropäischer Produzent Erfolg haben möchte, muss sich spezialisieren und Marktnischen suchen. Möglichkeiten bestehen hier bei der Belieferung der Industrie bzw. der Handwerksbetriebe oder dem Fachhandel, welche relativ hohe Ansprüche an die Drahtstifte stellen und nicht unbedingt von den Ostprodukten überzeugt sind.

#### 2.2.3.3 Vertriebsstruktur des Marktes

Die Vertriebsstruktur im Bereich Drahtstifte gestaltet sich in Frankreich ähnlich wie bei den Drahtgeflechten, allerdings gibt es hier weniger Distributionskanäle. Die Vertriebsleitung hat auch hier wieder generell die Wahl zwischen dem direkten und dem indirekten Vertrieb.

[99] Interne Quellen

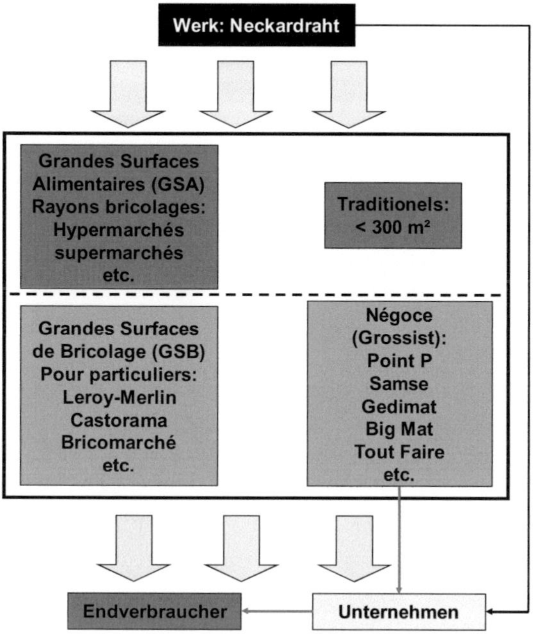


**Abb. 38: Vertriebsstruktur "Drahtstifte" in Frankreich**

Beim direkten Vertrieb werden die gewerblichen Nachfrager direkt beliefert. Wie in Kapitel 2.2.3.1 erläutert, sind dies vor allem Betriebe aus den Bereichen Bau, Metallbearbeitung, Holzbearbeitung und Möbelherstellung. Da 90% der französischen Unternehmen in diesen Branchen weniger als 20 Mitarbeiter beschäftigen, ist ihr Bedarf an Drahtstiften mit Sicherheit geringer als bei großen Unternehmen. Viele dieser kleinen Unternehmen bestellen entweder gleich einen kompletten Jahresbedarf oder lassen sich je nach Verbrauch kleine Mengen liefern.[100] Dies wiederum kann bei der Lieferung zu Problemen führen, wenn die Unternehmen nicht auf einer Tour angefahren werden können. Die Gründe hierfür können unterschiedlicher Art sein. So kann es vorkommen, dass die Bestellungen, von in der Nähe liegenden Unternehmen, nicht zeitgleich eintreffen oder aber mehrere Bestellungen treffen zeitgleich ein jedoch die Entfernungen zwischen den Kunden ist zu groß.

---

[100] Interne Quellen

Bei den restlichen 10% ist die geringe Mengenabnahme nicht maßgebend, da sie immer größere Mengen bestellen. Die großen Entfernungen zwischen diesen Unternehmen sind jedoch meist beträchtlich, sodass dadurch eine Tourenplanung erschwert wird. Auch hier ist eine zeitgleiche Bestellung nicht immer gegeben.

Der indirekte Vertrieb der Drahtstifte erfolgt in Frankreich ausschließlich über den „marché de bricolage". Wie bereits im Kapitel 2.2.2.3 erörtert wurde, ist dieser mit den deutschen Heimwerkermärkten vergleichbar.

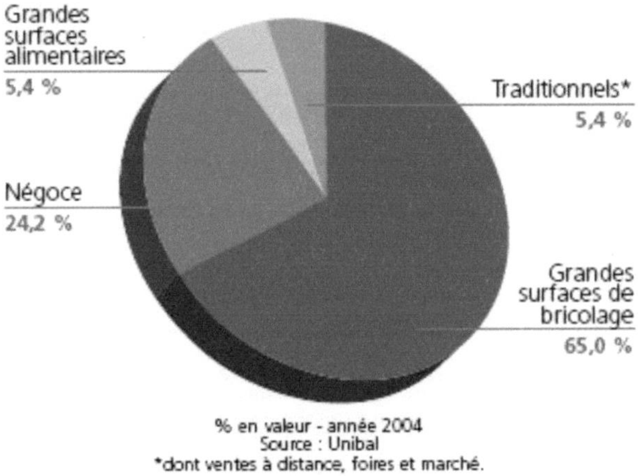


**Abb. 39: Indirekte Vertriebsstruktur "marché de bricolage" (Quelle: Unibal)**

Der Vertrieb der Produkte erfolgt in diesem Bereich, wie aus Abb. 40 ersichtlich, fast ausschließlich über die Grandes Surfaces de Bricolage (65%). Der zweitgrößte Distributionskanal sind die Négoce (Grossisten) mit 24,2%, GSA und Traditionels (Einzelhandel) liegen mit jeweils 5,4% abgeschlagen dahinter. Bei Betrachtung der Entwicklung der Distributionskanäle hat sich eine Verschiebung der Anteile ergeben. Im Jahre 1992 hatten die GSBs 45% Marktanteil, die Négoce und die GSAs 20% und die Traditionels 15%.[101] Dies hängt damit zusammen, dass die GSBs in den 90er Jahren ihre Geschäftsaktivitäten begonnen haben. Ihre durchschnittliche Fläche betrug zu diesem Zeitpunkt zwischen 1.000 m² und 2.000 m². In den Folgejahren entstand ein richtiger Boom und das Sortiment dieser Märkte wurde stetig ver-

[101] Vgl. http://www.observateur-cetelem.com (24.07.06)

größert. Heute beträgt die durchschnittliche Fläche 10.000 m² bis 19.000 m² mit einer riesigen Auswahl an Heimwerkerprodukten.[102] Wie auch schon in Kapitel 2.2.2.3 besprochen, ergeben sich hierdurch Probleme. So haben die GSBs, zum einen durch die hohen Marktanteile und zum anderen durch die Marktkonzentration, immer mehr Marktmacht, welche sie bei anstehenden Vertragsverhandlungen ausspielen können. Die Négoce mit einem Marktanteil von 24,2% konnten ihren Anteil im Gegensatz zu 1992 um 4,2% steigern. Dies rührt daher, dass sie den Traditionels Marktanteile abgenommen haben. Leute, die in den 90er Jahren zu den Traditionels gingen um ihre Heimwerkerartikel zu kaufen, gehen heute in die GSBs. Die Négoce beliefern die Traditionels, GSAs und unter anderem auch die GSBs und konnten so Anteile gewinnen, da die Traditionels dies nicht tun. Zu beachten ist hier die Überschneidung der Vertriebswege mit denen der Marke *Neckardraht*. Der Négoce als Händler versucht, wie auch *Neckardraht*, über verschiedene Vertriebskanäle seine Handelswaren abzusetzen. Er beliefert sowohl die GSBs, GSAs als auch die Traditionels.[103] Der Anteil an Drahtstiften bzw. Eisenwaren (3,3%) nimmt bei den GSAs immer mehr ab, sie konzentrieren sich wieder mehr auf Nahrungsmittel und überlassen den GSBs den Verkauf der Heimwerkerartikel.[104] Bei den Traditionels erfolgt eine ähnliche Konzentration wie bei den GSAs, da sie sonst gegen die GSBs keine Chance haben. Kunden solcher kleinen Einzelhändler sind vor allem Handwerksbetriebe und Fachleute, welche qualitativ hochwertiges Arbeitsmaterial und eine kompetente Beratung erwünschen. Bei der Belieferung dieser Märkte besteht eine gute Absatzchance für die Drahtstifte der Marke *Neckardraht*. Als einziger Nachteil muss hier wieder die Logistik genannt werden. Diese Märkte nehmen meist keine großen Mengen ab und befinden sich auch nicht in der näheren Umgebung. Es ist deshalb eher so, dass sie bedarfsorientiert bestellen um Lagerplatz zu sparen.

### 2.2.4 Feingitter

#### 2.2.4.1 Nachfrager

Nachfrager von Feingittern (Estrich- und Heizungsbaugitter) können Privatpersonen, welche selbst ihren Estrich oder ihre Bodenheizung verlegen, oder Gewerbebetreibende, wie Estrichleger, Heizungsbauer, Sanitärhändler oder Bauunternehmen sein. Wie bereits im voran-

---

[102] Unibal
[103] Chambre de Commerce Paris
[104] Vgl. http://www.unibal.org (27.07.06)

gegangen Kapitel erwähnt, gibt es in Frankreich etwa 25 Mio. Haushalte. Laut den neusten Statistiken werden jedes Jahr 420.000 neue Wohnungen gebaut. *„Frankreichs Bauwirtschaft weist seit Jahren ein stabiles Wachstum auf (Umsatz 2005: +3,2%). Getragen wird diese Expansion in erster Linie vom Gebäudebau, bei dem der Umsatz 2005 um real + 5,7% zunahm. Für das Jahr 2006 rechnet das Bauministerium in diesem Segment erneut mit einem realen Anstieg von 5,1 bis 6,4%."*[105] Von der Unternehmensstruktur in der Baubranche bleibt festzuhalten, dass über 90% aller 306.000 vom französischen Bauministerium statistisch geführten Unternehmen weniger als zehn Mitarbeiter beschäftigen, lediglich 346 führen mehr als 200 Beschäftigte. Die Fäden in Frankreichs Baubranche ziehen jedoch einige wenige Großkonzerne. Darunter fallen die Konglomerate *Veolia* und *Suez* und die milliardenschweren Baukonzerne Vinci und *Bouygues*. Französische Bauunternehmen sind in aller Regel rein französische Unternehmen, welche oft in der Hand traditioneller Industriefamilien gehören und meist noch in diversen anderen Branchen aktiv sind.[106]

Estrichlege-, Heizungsbaubetriebe und Sanitärhändler sind in Frankreich oft vorzufinden. Das französische Statistische Bundesamt zählt hier etwa 100.000 Unternehmen, wobei auch hier etwa 90% weniger als 10 Mitarbeiter beschäftigen.[107] Bei den Estrichgittern werden vor allem die Drahtdurchmesser 1,8 mm (80%) und 2,0 mm (20%) auf dem französischen Markt nachgefragt.[108] Im Jahr 2005 waren dies 4.623 Tonnen bei einem Durchmesser von 1,8 mm und 1.156 Tonnen bei einem Durchmesser von 2,0 mm. (siehe Abb. 41).

[105] http://www.bfai.de/ext/anlagen/PubAnlage_1767.pdf (31.07.06)
[106] Vgl. http://www.bfai.de/ext/anlagen/PubAnlage_1767.pdf (31.07.06)
[107] Vgl. INSEE
[108] Interne Quellen

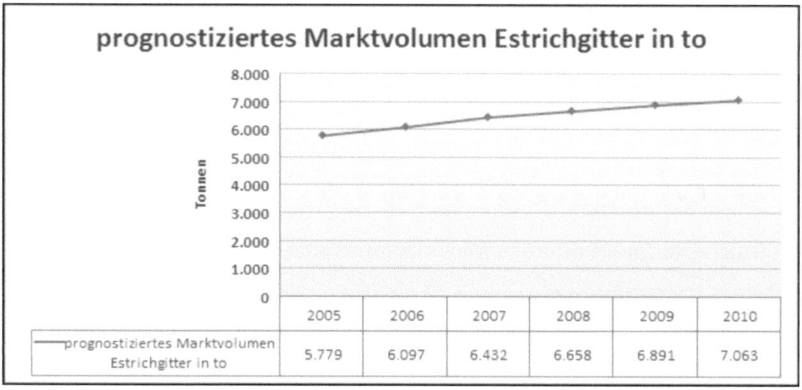


**Abb. 40: Prognostiziertes Marktvolumen Estrichgitter in FR**

Entsprechend den Prognosen der Baubranche wird sich das Marktvolumen der Estrichgitter von 5.779 Tonnen im Jahr 2005 auf 7.063 Tonnen im Jahr 2010 erhöhen. Dies entspricht einer Steigerung von 22,2%.

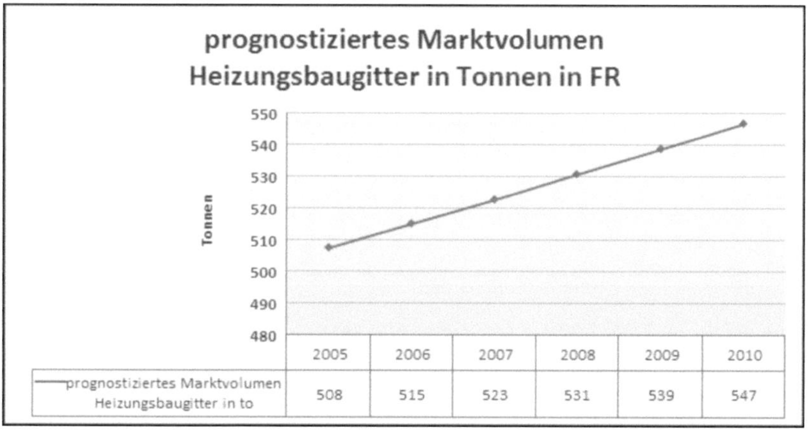


**Abb. 41: Prognostiziertes Marktvolumen Heizungsbaugitter in FR**

Das Wachstum des Marktvolumens der Heizungsbaugitter wird von 203 Tonnen im Jahr 2005 auf 219 Tonnen im Jahr 2010 prognostiziert (siehe Abb. 42). Die Steigerung liegt hier lediglich bei 7,7%. Ein Grund hierfür ist, dass Heizungsbaugitter in Frankreich noch nicht sehr bekannt sind. Es werden dort zumeist, wie schon in Kapitel 2.1 vorgestellt, Noppen-Systeme oder Trockenbau-Systeme verwendet. Laut internen Recherchen durch den Vertrieb ist aber Absatzpotenzial vorhanden.

#### 2.2.4.2 Wettbewerber

Die Konkurrenten im Bereich Estrichgitter kommen zu 20% aus China (siehe Abb. 43). Wie auch bei den anderen Ostproduktionen sind die Lohnverhältnisse geringer als in Europa und somit auch deren Angebotspreise. Die Qualität chinesischer Feingitter ist mit denen von der Marke *Neckardraht* und den anderen europäischen Anbietern nicht vergleichbar, sie werden jedoch über die Jahre immer besser. Probleme treten momentan noch bei der Festigkeit und der maximal möglichen Tragelast auf. Hier genügen die meisten chinesischen Estrichgitter nicht den europäischen Normen und Ansprüchen.[109]

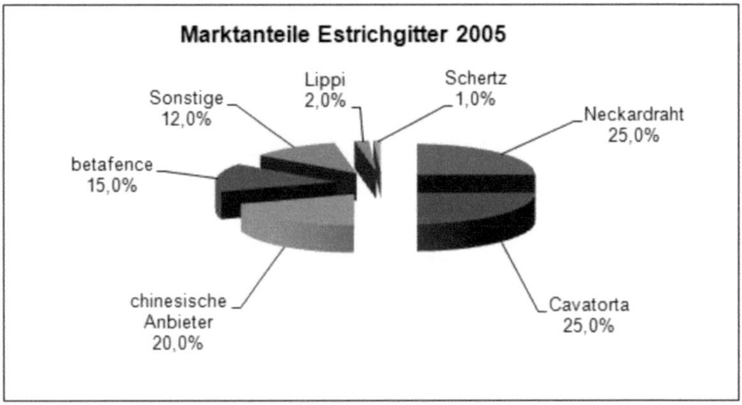


**Abb. 42: Hauptwettbewerber im französischen Markt für Estrichgitter**

Die europäischen Hauptkonkurrenten sind *Cavatorta*, *betafence*, *Lippi* und *Schertz*.

*Cavatorta* ist, wie bereits in Kapitel 2.2.2.2 angesprochen, ein italienisches Unternehmen mit Hauptsitz in Calestano (Nähe Parma). Dort werden die Estrich- und die Heizungsbaugitter in den verschiedenen Werken produziert und nach Frankreich importiert. Auch hier fallen, wie

[109] Interne Quellen

bei der Marke *Neckardraht*, Transportkosten an, welche zu vergleichbaren logistischen Problemen führen. Der Hauptsitz in Frankreich ist in Soissons (vergleiche Abb. 33). Der Marktanteil von *Cavatorta* entspricht dem der Marke *Neckardraht*. Dies ist nicht verwunderlich, da die Produktionskapazitäten etwa gleich groß sind.[110]

*Betafence* (*Groupe Bekaert*) produziert in China und importiert dann die Waren nach Europa. Der Marktanteil ist nicht sonderlich hoch, da *betafence* sich hauptsächlich auf den Bereich Zäune spezialisiert und das Segment Feingitter nur nebenher betreibt.[111]

Bei *Lippi* sieht es ähnlich wie bei *betafence* aus, das Unternehmen konzentriert sich eher auf das Segment Zäune als auf Feingitter. Dies ist verständlich, da der Produzent, wie auch schon in den vorhergehenden Kapitel erwähnt, in diesem Segment eine jahrelange Erfahrung besitz und europaweit führend ist.[112]

*Schertz* produziert seine Estrichgitter nicht selbst, sondern lässt sie von der Marke *Neckerdraht* auf eigenen Namen produzieren und vertreibt sie dann ausschließlich auf dem französischen Markt. Die Abnahmemengen sind jedoch sehr gering und liegen bei circa 30 Tonnen pro Jahr.[113]

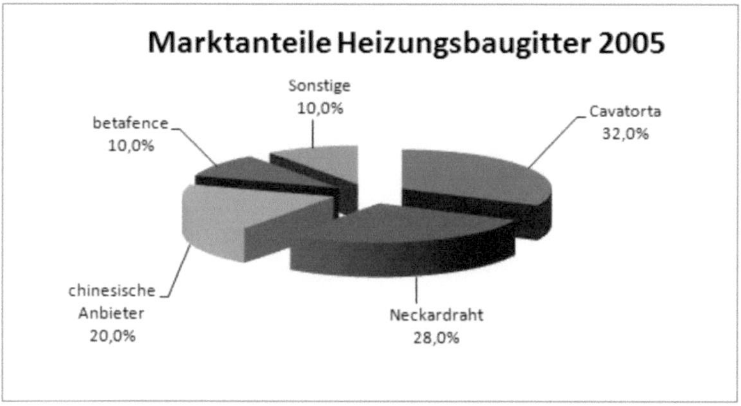


**Abb. 43: Hauptwettbewerber im französischen Markt für Heizungsbaugitter**

[110] Vgl. http://www.cavatorta.it (20.07.06)
[111] Interne Quellen
[112] Interne Quellen
[113] Interne Quellen

Die Konkurrenten im französischen Markt für Heizungsbaugitter sind *Cavatorta*, chinesische Produzenten und *betafence*. *Cavatorta* hat, wie in Abb. 44 zu sehen, einen Marktanteil von 32% und ist damit Markführer in diesem Segment. Für die chinesischen Anbieter gilt auch wieder: billige Produkte, schlechte Qualität. *Betafence* lässt auch hier in China auf eigenen Namen produzieren und verkauft dann die Heizungsbaugitter in Europa.

#### 2.2.4.3 Vertriebsstruktur des Marktes

Die Vertriebsstruktur von Feingitter in Frankreich unterscheidet sich, wie in Abb. 44 zu sehen, von der der anderen Produkte. Hier besteht die Möglichkeit entweder direkt an die Unternehmen zu liefern oder indirekt über den Stahlhandel, die Betonstahlverarbeitungsbetriebe, die Trader, die Négoce und die GSBs seine Produkte an die Unternehmen bzw. die Endverbraucher zu vertreiben.

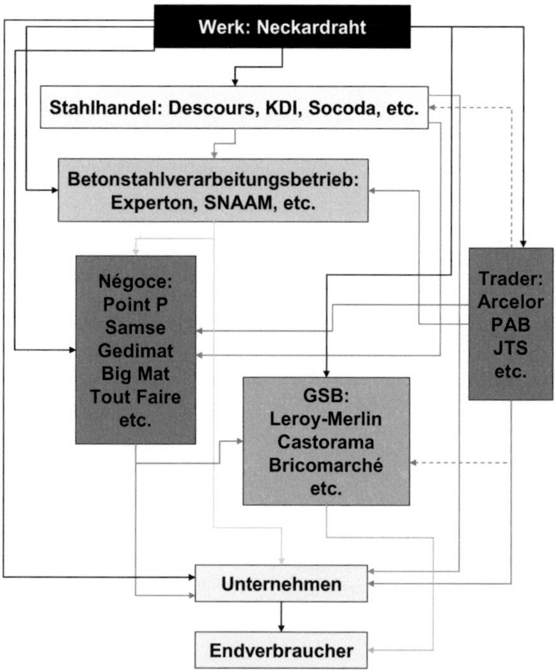


**Abb. 44: Vertriebsstruktur "Feingitter" in Frankreich**

Der Direktvertrieb an die Unternehmen ist in Frankreich ziemlich selten vorzufinden. Er bietet aber die Möglichkeit, die Händler zu umgehen und so eine höhere Gewinnmarge zu erzielen. Des Weiteren wird so die etwas unübersichtliche Absatzmittlerstruktur, welche sich auf dem französischen Markt vorfindet, umgangen. Die Schwierigkeit liegt auch hier wieder darin, die Abnahmemengen der zu beliefernden Unternehmen zu bestimmen. Da 90% der Unternehmen weniger als 10 Mitarbeiter beschäftigen, sind deren Produktionskapazität und Feingitterbedarf im Gegensatz zu Großunternehmen deutlich geringer.

Der indirekte Vertrieb ist, wie schon angedeutet, ein wenig unübersichtlich. Dies liegt daran, dass quasi jeder jeden beliefern könnte. Es ist deshalb hier sehr wichtig seine Handelspartner genau zu kennen und zu wissen wen diese beliefern. Der Stahlhandel beliefert die Unternehmen direkt, verkauft seine Feingitter aber auch an die Betonstahlverarbeitungsbetriebe und die Négoce. Der Stahlhandel unterhält große Lager an verschiedenen Standorten in Frankreich. Verträge werden von der Zentrale für das ganze Unternehmen abgeschlossen, um so bessere Konditionen aushandeln zu können. Die Warenbestellungen werden von den verschiedenen Lagern in Frankreich dezentral erteilt, es gibt keine Zentrallager. Die wichtigsten Stahlhändler in Frankreich sind *KDI* und *Socoda*, welche viele Filialen und gute Kontakte haben. Betonverarbeitungsbetriebe, wie *Experton* oder *SNAAM*, verkaufen ihre Feingitter, welche sie entweder von den Produzenten direkt oder vom Stahlhandel erhalten, an die Négoce oder Unternehmen. Auch sie handeln ihre Verträge über die Zentrale aus. Die Lieferung erfolgt, wie auch beim Stahlhandel, auftragsbezogen an die Außenstellen. Bei der Distribution von Feingittern haben die Négoce weniger Marktanteile als beispielsweise bei den Drahtgeflechten. Sie erhalten ihre Feingitter entweder vom Stahlhandel, Betonverarbeitungsbetrieb, Trader oder von den Produzenten direkt. In diesem Marktsegment haben sie allerdings nur die Möglichkeit an die GSBs oder Unternehmen zu liefern, was sie in ihrer Tätigkeit gewaltig einschränkt. Die GSBs sind der einzige Distributionskanal, welcher direkt an die Endverbraucher liefert, dies verschafft ihnen einen Vorteil gegenüber den anderen Distributionskanälen. Weiterhin ist anzumerken, dass bei den GSBs Zentrallager vorliegen. Diese verringern den logistischen Aufwand des Produzenten und die Transportkosten. Zum einen sind hier schon flächendeckend über ganz Frankreich Märkte verteilt und zum anderen ist es in Zeiten von Do-it-yourself so, dass immer mehr Privatpersonen Hand anlegen und selbst ihr Haus renovieren. Der Vertrieb über die GSBs wird demnach in den kommenden Jahren immer wichtiger werden.[114] Als letzter Distributionskanal bleiben die Trader, welche keine Lager haben. Sie haben nur Vermittlungsfunktion zwischen dem Produzenten und den Abnehmern. Die Trader liefern sowohl an die Betonstahlverarbeitungsbetriebe, die Négoce und an die Unternehmen. In einigen seltenen Fällen erfolgt die Lieferung der Feingitter auch an den Stahlhandel und die GSBs. Im Markt für Feingitter findet eine Machtkonzentration statt. So sind es vor allem der Stahlhandel und die Betonstahlverarbeitungsbetriebe, welche Preisvorgaben sowohl gegenüber Produzenten als auch den Handelspartnern in den nachgelagerten Stellen durchsetzen können. Sie können somit auch gegenüber den Produzenten Forderungen hinsichtlich Lieferpünktlichkeit und Qualität zu stellen. Um aber auf dem Markt Feingitter absetzten zu können, müssen sich die Hersteller auf diese Handelspartner einlassen. Sie haben zwar je nach dem „harte“ Konditionen, bieten aber im Gegenzug ein weitreichendes Netzwerk.[115]

---

[114] Interne Quellen
[115] Interne Quellen

# 3. Produktgruppenspezifische Vertriebskonzepte

## 3.1 Draht

Anhand der in Kapitel 2.2.1 betrachteten Nachfrager, Konkurrenten und Vertriebsstruktur und den hierbei gefundenen Problemfeldern, soll nun im Folgenden ein Vertriebskonzept für das Produkt Draht herausgearbeitet werden.

### 3.1.1 Geschäftsbeziehungsorientierte Strategie im Bereich Draht

Beim Produkt Draht der Marken *Neckardraht* und *Medra* bieten sich als Vertriebsform mehrere Möglichkeiten an. Zum einen der persönliche Verkauf in Form von Kundenbesuchen oder Verkaufsgesprächen auf Messen durch den Außendienst, zum anderen der distanzpersönliche Verkauf per Telefon, welcher von Innendienstmitarbeitern zu tätigen ist und schließlich noch der unpersönliche Verkauf über das Internet via Kontaktformular. Bei der Marke *Medra* wird der Vertrieb verstärkt auf den persönlichen Verkauf setzen müssen, da dieser die Abwicklung der Geschäfte erleichtert. Gerade beim Fabrikations- und Kaltstauchdraht, welcher in hohem Maße ein Industriegut darstellt, ist es wichtig direkt auf offene Fragen vonseiten des Kunden einzugehen und ein kundenspezifisches Produkt zu erstellen.[116] Nicht jeder Kunde hat dieselben Produktionsanlagen und Fertigungsschritte, somit müssen hier Qualitäts- und Materialeigenschaften festgelegt werden, was zudem eine intensive Zusammenarbeit in den Bereichen Entwicklung, Produktion und Logistik erfordert.[117] Es besteht ein Erklärungsbedarf bzw. ein Informationsaustausch muss zwischen dem Abnehmer und dem Lieferanten stattfinden. Oft ist es so, dass nach Feststellung der Materialspezifikationen eine Probelieferung vereinbart wird, welche Aufschluss über die Verarbeitbarkeit des Drahtes gibt. Lässt sich der Draht auf den Maschinen des Kunden schlecht verarbeiten, so ist es Aufgabe des Außendienstes sich mit dem Kunden zusammen zu setzten und nach einer Lösung zu suchen. Eine weitere Möglichkeit Kundenbeschwerden zu bearbeiten bietet ein internetbasiertes Beschwerdemanagementsystem mit automatisiertem Workflow. Dieser soll dabei helfen, die Beschwerden der Kunden schnell zu erfassen, zu analysieren und schließlich eine Lösung herbeizuführen.[118] Dadurch, dass das Produkt „Draht“ kundenspezifisch hergestellt wird, wird

[116] Vgl. Backhaus/Baumeister/Mühlfeld in: Bruhn (2005); S. 207
[117] Vgl. Backhaus/Baumeister/Mühlfeld in: Bruhn (2005); S. 208
[118] Vgl. Rothfuß, R. in: Bruhn (2005); S. 875

es auch wieder mit der Konkurrenz vergleichbar.[119] Es ist deshalb für die Marke *Medra* wichtig „Value-Added-Services“ anzubieten (z. B. Just-In-Time Lieferung, Kulanz bei schlechter Ware, etc.), um sich dadurch von den Konkurrenten abzuheben und somit eine Produktdifferenzierung zu erzielen (Meffert 2000, S. 442 ff.). Ein enger Kontakt zwischen dem Lieferanten und dem Kunden ist neben dem Preis eine der Voraussetzungen für einen Vertragsabschluss und eine lang anhaltende Geschäftsbeziehung, welche einen integrativen Wertschöpfungsprozess zur Folge hat. Gerade bei Produktionsgütern wie z. B. dem Draht können die Effektivität sowie die Effizienz eines Wertschöpfungsprozesses ebenfalls maßgeblich beeinflusst werden. Dies ist der Fall, wenn durch eine bessere Verarbeitungsfähigkeit Produktionsprozesse beschleunigt werden oder durch die Verwendung einer anderen Rohstoffzusammensetzung eine höhere Qualität der Folgeprodukte erreicht wird.[120]

Bei den Verkaufsgesprächen hat es der Vertriebsmitarbeiter meist mit dem Einkäufer und dem Qualitätsstellenleiter zu tun, welche die Funktionen des Buyers bzw. des Influencers im Buying-Center-Modell einnehmen. Wichtig ist es hier, wie aus unternehmensinternen Erfahrungen bekannt, gut mit dem Qualitätsleiter auszukommen, da dieser durch seine Erfahrung und Verantwortung im Bereich der Produktion eine große Rolle bei der Auftragsvergabe spielt. Insbesondere bei Liefermängeln kann sich der gute Kontakt zum Qualitätsleiter zu einem Vorteil entwickeln, wenn dieser seinen Einkäufer zu einer Ersatzlieferung überredet, sodass die Marke *Medra* nicht gleich durch einen anderen Lieferanten ersetzt wird.

Die Marke *Neckardraht* wird hauptsächlich über den distanzpersönlichen Verkauf per Telefon ihre Geschäfte abwickeln, da hierdurch Reisekosten eingespart werden können. Weiterhin ist diese Verkaufsform dadurch begründet, dass die Drähte der Marke *Neckardraht* relativ einfach zu definierende Materialeigenschaften haben, weniger erklärungsbedürftig sind und im Grunde als Standardprodukte bezeichnet werden können. Allerdings ist es, durch die hier noch stärker vorhandene Vergleichbarkeit der Produkte, wichtig, „Value-Added-Services“ anzubieten und so der Konkurrenz einen Schritt voraus zu sein.[121]

---

[119] Vgl. Beutin, N. in: Bruhn (2005); S. 299
[120] Vgl. Kleinaltenkamp, M. in: Bruhn (2005); S. 364
[121] Vgl. Winkelmann (2006); S. 285 ff.

#### 3.1.1.1 Aufgaben und Einsatzgebiete des Außen- und Innendienstes

Da die meisten Unternehmen der weiterverarbeitenden Industrie sich in Frankreich in den Regionen Rhône Alpes (circa 1.100 Unternehmen), Ile de France (circa 807 Unternehmen) und Nord Pas de Calais (circa 400 Unternehmen) befinden, sollten bei der Marke *Medra* wegen der Erklärungsbedürftigkeit der Produkte bzw. der nötigen Kundennähe zwei bis vier Außendienstmitarbeiter eingeplant werden. Diese sollten die beiden großen Verkaufsregionen Rhône Alpes bzw. Ile de France und Nord Pas de Calais vor Ort bearbeiten. Basis dieser Einteilung ist die Berechnungstabelle von Prof. Dr. Winkelmann, wonach ein „durchschnittlicher" Außendienstmitarbeiter auf circa 570 Soll-Kundenbesuche pro Jahr kommen sollte.[122] Hauptaufgabe des Außendienstmitarbeiters ist das Erreichen der Umsatzziele für seine Region, die Intensivierung der Geschäftskontakte (Konditionsverhandlungen, Marktforschung beim Kunden, Produkt- und Unternehmensvorstellung) bzw. die Neukundengewinnung aber auch das Lösen von Problemen bzw. Beanstandungen. In diesem Zusammenhang muss er auch, wie oben bereits erwähnt, mit dem Kunden an einer Verbesserung der Produkte und der Liefermöglichkeiten arbeiten, welche den beiden Geschäftspartnern auf lange Sicht einen Nutzen stiften sollen. Der Außendienst hat somit eine wichtige Rolle im Zusammenspiel zwischen Kunde und Produzent, er ist das Sprachrohr beider Geschäftspartner und muss seinem Vorgesetzten Bericht erstatten. Außendienstmitarbeiter sollten aufgrund der Erklärungsbedürftigkeit des Produktes fundierte Produkt- und Produktionskenntnisse, wenn möglich sogar eine technische Ausbildung haben. Diese Produkt- und Produktionskenntnisse können auch über unternehmensinterne Schulungen erworben werden, sie sind für das tägliche Arbeiten jedoch zwingend notwendig.[123] Zur Unterstützung der Außendienstmitarbeiter sollten ein bis zwei Innendienstmitarbeiter eingestellt werden. Ihre Hauptaufgabe ist die Abwicklung der laufenden Kundenvorgänge (Angebotsbearbeitung, Auftragsabwicklung), die Mitarbeit bei der Kundenbetreuung und die Kundenklassifizierung in A-, B- und C-Kunden. Bei der Kundenklassifizierung und Neukundengewinnung ist sowohl vom Innen- wie auch Außendienst darauf zu achten, dass Kunden mit Fabrikationsdrahtabmessungen größer als 5mm bevorzugt behandelt werden, da die Maschinen für diese Abmessungen nicht voll ausgelastet sind. Weiterhin sollten vermehrt Kunden für Kaltstauchdraht, welcher ein verhältnismäßig neuer Produktbereich ist, angeworben werden. Innendienstmitarbeiter können auch den Außendienst bei der Touren- und Besuchsterminplanung unterstützen, indem sie den Außen-

[122] Vgl. Anhang 14: Zeit- und Kostenanalyse für den Außendienst
[123] Vgl. Wolter, F-H (1978); S. 140 ff

dienstmitarbeitern die Entscheidung über wichtige und unwichtige Kunden abnehmen und ihnen wichtige Informationen (Bonität, Produktpalette, Bestellmenge) über den zu besuchenden Kunden liefern. Einzelheiten über die Kriterien und Verfahren der Kundenkategorisierung finden sich im Buch *„Steuerung und Kontrolle des Außendienstes" von F-H Wolter (1978)* wieder.

Da die Drähte der Marke *Neckardraht* weniger erklärungsbedürftig sind als die der Marke *Medra*, können die Außendienstmitarbeiter der Marke *Medra* deren Aufgaben übernehmen. Im Wesentlichen sind das die Kundenbetreuung, die Stammkundensicherung und die Abklärung von Beanstandungen und Reklamationen. Es ist somit durch diese produktübergreifende Marktbearbeitung möglich Personalkosten, in diesem Falle von Außendienstmitarbeitern, einzusparen. Die Aufgabe der Kundengewinnung wird bei der Marke *Neckardraht* vorwiegend von einem Innendienstmitarbeiter übernommen, welcher die Kunden per Telefon anspricht. Hierdurch können (Reise-) Kosten eingespart und schon im Vorfeld abgeklärt werden, ob ein generelles Interesse an einer Zusammenarbeit besteht und welchen Jahresbedarf die potenziellen Kunden haben. Eine weitere Aufgabe des Innendienstes ist die Regelung der für den Außendienst und den Geschäftsprozess nötigen Formalitäten (Kunde ins System einpflegen, eventuell einen Probeauftrag veranlassen, telefonische Kundenbetreuung, etc.). Um Kannibalisierungsvorgänge, d. h. die Belieferung desselben Kunden durch mehrere Vertriebskanäle, vorzubeugen, müssen Innen- und Außendienst gemeinsam die Vertriebswege durchleuchten und herausfinden welche Kunden von den Négoce, die als Handelspartner der Marke *Neckardraht* fungieren, beliefert werden und welche direkt. [124] [125] Bei steigender Kundenanzahl und steigendem Abwicklungsaufwand ist eine Erhöhung der Innendienstmitarbeiterzahl sinnvoll um Entlastung beim Innendienst zu schaffen und eine gewisse Flexibilität in der Arbeit aufrecht zu erhalten.

#### 3.1.1.2 Unterstützende kommunikationspolitische Maßnahmen

Zur Unterstützung der Akquisitionspolitik, wie sie von den Innen- und Außendienstmitarbeitern betrieben wird bzw. der Handelspartner in den Vertriebskanälen, müssen kommunikationspolitische Maßnahmen aufeinander abgestimmt werden.[126] Beim Produkt

---

[124] Vgl. Bachem (2004); S. 84
[125] Vgl. Winkelmann (2006); S. 288 ff.
[126] Vgl. Winkelmann (2006); S. 400

Draht sollten die Marken *Neckardraht* und *Medra* außer der Telefon-Akquise und den Kunden- und Messebesuchen Werbeanzeigen in französischen Fachzeitschriften schalten (z. B. für Zuliefererfirmen oder Drahtverarbeitungsunternehmen). Die Kundenkontaktkosten sind hier für eine ganzseitige Anzeige mit 0,006 Euro günstiger als bei Kunden- oder Messebesuchen, welche 130 Euro bzw. 150 Euro kosten.[127] Nichtsdestotrotz sollten aber auch Messen besucht werden, da hier die Devise: „Sehen und gesehen werden." gilt. Auf Messen haben die Marken *Medra* und *Neckardraht* die Möglichkeit entweder selbst einen Stand zu mieten oder sich im Vorfeld der Messe nach potenziellen Kunden umzuschauen und diese dann an ihrem Stand zu besuchen. Die Auswahl der Messen ist sehr wichtig und sollte nicht überstürzt werden. Lieber auf einer bekannten Messe mehr Geld für einen Stand ausgeben und richtig auf sich aufmerksam machen, als auf vielen unbedeutenden Messen einen Stand zu mieten und in der Summe vielleicht sogar mehr dafür auszugeben. Eine wichtige Messe für Zuliefererfirmen ist die „Midest", welche wieder vom 07. – 10.November 2006 in Paris stattfindet. Eine neuere Methode zur Unterstützung der Akquisitionspolitik ist das so genannte „Mailing". Die Kundenkontaktkosten liegen hier bei etwa 1,50 Euro. Über „Mailings" erreicht man viele Unternehmen und kann so eine Vorauswahl treffen, welche Unternehmen bei der Tourenplanung vom Außendienst besucht werden sollen und welche nicht. Speziell für Frankreich sollte daran gedacht werden die Internetseite ins Französische zu übersetzen und ein Prospekt in französischer Sprache zu erstellen. Franzosen tun sich sehr schwer andere Sprachen zu erlernen, aber noch viel schwerer diese zu akzeptieren. Um in Frankreich Fuß fassen, muss sich das Unternehmen somit an die Gepflogenheiten des Landes anpassen.

### 3.1.2 Logistische Planung im Bereich Draht

Sowohl bei der Marke *Medra* wie auch bei der Marke *Neckardraht* hat die logistische Planung eine wichtige Bedeutung im Tagesgeschäft, insbesondere wenn es um die Frage der Frachtkosten und der Einhaltung von Lieferterminen geht. Beide Marken haben jedoch in diesem Bereich zum Teil unterschiedliche Hindernisse zu bewältigen, für welche im Folgenden Lösungsvorschläge vorgestellt werden.

---

[127] Vgl. Anhang15: Kundenkontaktkosten

#### 3.1.2.1 Logistische Planung bei der Marke *Medra*

Für die Marke *Medra* bietet sich eine direkte Belieferung der französischen Kunden an, da diese zum einen, geografisch gesehen, in einigen wenigen Ballungsgebieten vorzufinden sind und zum anderen 90% der Firmen in der Draht verarbeitenden Industrie volle LKW-Ladungen abnehmen. Die Ballungsgebiete liegen vor allem im Norden und im Osten Frankreichs und somit relativ nahe an Deutschland. Allerdings liegt der Produktionsstandort der Marke *Medra* in Brandenburg und somit etwa 700 km von der französischen Grenze entfernt. Die spanischen oder italienischen Konkurrenten haben hier gewisse Vorteile, da von Süden (z. B. Barcelona oder Turin) kommend die Frachtkosten und die Kilometeranzahl geringer sind.

Bei der Marke *Medra* sollte die Produktpalette so fortgeführt werden wie bisher, da hier das nötige Know-how und eine jahrzehntelange Erfahrung vorhanden sind. Für die Produktion der Fabrikations- und Kaltstauchdrähte wurde ein Zertifikat erworben, welches einerseits die Qualität der Produktion bzw. des Drahtes untermauern und andererseits den Verkauf hierdurch ankurbeln soll. Dadurch, dass im Werk Brandenburg schon jetzt eine Kapazitätsauslastung von insgesamt 75% erreicht wird und die Transportkosten nach Frankreich doch erheblich sind, ist die Überlegung anzustellen einen Produktionsstandort in Frankreich zu eröffnen. Dieser sollte zentral liegen, sodass auf der einen Seite die oben erwähnten Regionen frachtgünstig beliefert werden können und auf der anderen Seite die Walzdrahtbelieferung, die zur Drahtherstellung benötigt wird, vom Werk Kehl aus zu kostengünstigen Konditionen gewährleistet werden kann. Ein Produktionsstandort im Norden bzw. Nordosten Frankreichs, würde die Transportkosten für Fabrikations- und Kaltstauchdraht senken und einen Imagegewinn für die Marke *Medra* bringen. Franzosen fühlen sich nicht selten Marken verbunden, welche auch im eigenen Land produzieren. Eine Produktion in Frankreich würde auch die Lieferzeiten für dünne Drahtabmessungen $< 5$ mm senken, welche momentan infolge einer fast 100%igen Auslastung der Maschinen mit einem Mehrfachzug bei 3-4 Wochen liegen und in absehbarer Zeit nicht verkürzt werden können. Bei Abmessungen größer 5 mm liegt die Lieferzeit bei ca. 2 Wochen. In der Produktion bestehen hier noch freie Kapazitäten und es wäre technisch durchaus möglich diese Maschinen, auch Einfachzüge genannt, bei Bedarf umzurüsten, um so dünne Drahtabmessungen zu ziehen. Ein Werk in Frankreich könnte in den genannten Abmessungsbereichen sowohl die Produktionskapazität steigern als auch die Belieferung südlicher Kunden übernehmen, was zusätzlich Frachtkosten einsparen würde.

Sollte bei der Marke *Medra* kein Produktionsstandort in Frankreich zustande kommen, ist aus logistischer Sicht die Überlegung anzustellen, ob mit einem französischen Speditionsunternehmen eine Kooperation einzugehen ist. Nicht wenige französische Speditionen haben Frachten nach Berlin und suchen momentan vergeblich nach Rückfrachten Viele von ihnen fahren deshalb gezwungenermaßen weiter in Richtung Osteuropa und kehren erst nach einigen Wochen wieder nach Frankreich zurück. [128] Eine Kooperation würde für beide Seiten Vorteile bringen. Die beauftragte Spedition hätte Rückfrachten nach Frankreich und die Marke *Medra* hätte gegenüber anderen Konkurrenten sowohl den Vorteil der Lieferpünktlichkeit als auch der Frachtkostenreduktion durch einen gut ausgehandelten Kooperationsvertrag. Ein eigener Fuhrpark in Brandenburg ist zwar überlegenswert, wäre aber aufgrund höherer Personal- und Verwaltungskosten wirtschaftlich nicht rentabel. Die Logistikabteilung müsste sich außerdem um Rückfrachten aus Frankreich selbst kümmern, was jedoch ohne die nötigen Kontakte bzw. das Know-how nicht empfehlenswert ist. Eine zweite Möglichkeit Frachtkosten zu sparen ist die Verladung per Bahnwaggon ab Brandenburg. Dies liegt daran, dass auf einem Waggon mehr Tonnen Draht aufgeladen werden können und somit der Frachtpreis pro Tonne sinkt. Sinnvoll ist dies aber nur bei Kunden mit direkter Bahnanbindung und Verladevorrichtung. Aufgabe des Außendienstes ist es, dies abzuklären und dem Kunden sein Einsparpotenzial, selbst bei der Neuanschaffung einer Abladevorrichtung, zu verdeutlichen. Eine Verladung per Schiff ist verhältnismäßig schwierig zu organisieren und würde von der Lieferzeit länger dauern als per Bahn oder LKW. Gerade in Zeiten von Just-in-Time Lieferung ist diese Transportmöglichkeit auszuschließen. Außerdem haben nur sehr wenige Unternehmen die Möglichkeit einer Anbindung per Wasser.

Ein wesentlicher Vorteil des direkten Vertriebs durch die Marke *Medra* ist, dass die Négoce (Grossisten) und die Trader (Händler) umgangen werden und eine größere Gewinnmarge bei der Marke *Medra* bleibt. Weiter sollte an eine Anfragenabwicklung über das Internet oder per E-Mail gedacht werden. Hierzu muss den potenziellen Kunden ein Formular über die *Medra* Homepage zur Verfügung gestellt werden, welches die zur Abwicklung der Anfrage benötigten Felder enthält (z. B. Firma, Ansprechpartner, Adresse, Materialspezifikation, Menge, etc.). Diese Felder sind mit einer Datenbank verknüpft, welche die Kundendaten dann automatisch anlegt und dem Innendienstmitarbeiter die Möglichkeit gibt, die Anfrage im System abzurufen und am Bildschirm zu bearbeiten. Hiermit werden der Zeitaufwand und die

[128] Interne Quellen

Arbeitskosten für das Anlegen des Kunden durch den Innendienstmitarbeiter reduziert und er kann sich um andere Aufgaben kümmern.

### 3.1.2.2 Logistische Planung bei der Marke *Neckardraht*

Bei der Marke *Neckardraht* bietet sich der direkte Absatzweg ebenso an, jedoch sollte hier eine regionale Eingrenzung stattfinden. Im Gegensatz zu den Kunden der Marke *Medra* nehmen deren Abnehmer in der Regel keine vollen LKW-Ladungen ab. Eine direkte Belieferung ist somit nur im Bereich Nordost Frankreich sinnvoll, da die Speditionen vom Werk Eberbach hier eine relativ kurze Anfahrtstrecke haben und die Touren somit in einem Tag abgewickelt werden können. Es muss jedoch darauf geachtet werden, dass in einer solchen Tour am Tag im Schnitt höchstens vier bis fünf Kunden beliefert werden können. Um eine Belieferung von Unternehmen in ganz Frankreich gewährleisten zu können, bietet sich der Vertrieb über die Négoce an, welche die Funktion der weiteren Distribution übernehmen. Négoce haben meist ein Zentrallager und können somit volle LKW-Ladungen abnehmen, um sie dann auf eventuelle Außenlager zu verteilen. Weitere Vorteile bei der Zusammenarbeit mit den Négoce sind deren Unterstützung beim Marketingauftritt und die vorhandenen Kontakte im französischen Markt.[129] Bei der direkten Belieferung der Négoce sollte immer darauf geachtet werden, dass volle LKW-Ladungen geliefert werden, was meistens der Fall ist. Dies ist vor allem dann wichtig, wenn die Anlieferung in den Süden von Frankreich geschieht und somit eine große Fahrtstrecke zurückzulegen ist. Ist der Kunde jedoch bereit auch für einen halb vollen LKW zu zahlen, dann ist die Belieferung natürlich auch möglich.[130]

Die von der Marke *Neckardraht* angebotenen Produkte weichgeglühter, verzinkter und PE-ummantelter Draht sollten weiterhin selbst produziert werden und die Produkte dickverzinkter Draht sowie Stacheldraht und Drahtspanner weiterhin als Handelsware laufen. Begründet wird dies damit, dass die Anschaffungskosten für die zur Produktion benötigten neuen Maschinen im Gegensatz zum zu erzielenden Gewinn unverhältnismäßig sind.[131] Die Produktion wäre unrentabel und zudem geht die Nachfrage, wie aus einer internen Studie ermittelt, vor allem beim Stacheldraht zurück. Ein weiterer Grund ist auch das Fehlen von Erfahrung und Know-how bei der Produktion dieser Produkte. Es ist deshalb empfehlenswerter

---

[129] Vgl. Winkelmann (2006); S. 396 ff.
[130] Vgl. Winkelmann (2006); S. 396 ff.
[131] Interne Kalkulation

sich nach kostengünstigeren Lieferanten für die Handelswaren umzuschauen, um so dem Kunden ein breit gefächertes Sortiment anbieten zu können und selbst bei seinen Kernkompetenzen, der Drahtproduktion, zu bleiben.[132]

## 3.2 Drahtgeflechte

Anhand der in Kapitel 2.2.2 betrachteten Nachfrager, Konkurrenten und Vertriebsstruktur und den hierbei gefundenen Problemfeldern wird nun im Folgenden ein Vertriebskonzept für das Produkt Drahtgeflechte vorgestellt.

### 3.2.1 Marktbezogene Produktstrategie im Bereich Drahtgeflechte

Um im französischen Markt Fuß zu fassen, ist es für die Marke *Neckardraht* wichtig eine marktbezogene Produktstrategie für das Produkt Drahtgeflechte zu entwickeln. Diese soll, basierend auf dem Ergebnis der Analyse des Marktes aus dem zweiten Kapitel, speziell auf die Bedürfnisse des Marktes eingehen und sowohl produkt- wie auch seitens des Unternehmens die nötigen Strukturen schaffen, um langfristig Erfolg zu haben.

Wie auch beim Produkt Draht können Drahtgeflechte sowohl persönlich, mediengestützt wie auch mediengeführt verkauft werden. Zu bevorzugen ist in einem ersten Schritt bei der Kundengewinnung der Kontakt per Telefon (mediengestützt) bzw. via E-Commerce (mediengeführt), da das Produkt Drahtgeflechte ein standardisiertes Produkt ist und wenig Erklärungsbedarf benötigt. In einem zweiten Schritt kann dann ein Besuchstermin mit dem (potenziellen) Kunden vereinbart werden, um nähere Informationen in Bezug auf das marktliche Umfeld sowie sein Klientel zu bekommen.[133] Je standardisierter ein Produkt ist, desto weniger Wert legen die Kunden auf einen persönlichen Kontakt. Wichtig ist dieser eigentlich nur, wenn Beanstandungen bzw. Reklamationen zu bearbeiten sind, hier wünschen sich viele Kunden einen direkten Ansprechpartner, welcher sich entweder vor Ort die fehlerhafte Ware anschaut oder per Telefon die Angelegenheit mit ihnen klärt. E-Commerce bekommt, gerade auch im Bereich B2B, eine immer größere Bedeutung. Dies liegt zum einen daran, dass der Kunde selbst einen Teil der Auftragsabwicklung übernimmt und so eine Zeitersparnis für den Innendienst entsteht und zum anderen daran, dass die Kunden dort eine Fülle von

---

[132] Vgl. Definition: Kernkompetenz in Hamel/Prahalad (1990), S. 82

[133] Vgl. Winkelmann (2006); S. 285 ff.

Informationen vorfinden und die offen Fragen so in 60% der Fälle beantwortet werden können.[134]

#### 3.2.1.1 Organisation der Vertriebstätigkeiten

Vertriebsorganisatorisch bedeutet dies für die Marke *Neckardraht*, dass auf jeden Fall zwei bis drei Innendienstmitarbeiter angestellt werden sollten. Der Innendienst stellt beim Produkt Drahtgeflechte eine wichtige Säule im Vertrieb dar. Zu seinen Hauptaufgaben gehört die Neukundengewinnung per Telefonverkauf und die Abwicklung der laufenden Kundenvorgänge (Bestellannahmen, Angebotsbearbeitung, etc.). Die Unterstützung des Außendienstes, die Kundenklassifizierung und die Beschwerdebearbeitung sind auch Teile seines umfangreichen Aufgabenbereichs. Zur Unterstützung des Innendienstes sollte ein Außendienstmitarbeiter angestellt werden, welcher den ganzen französischen Markt bearbeitet. Dies ist damit begründet, dass der Außendienst, wie bereits erwähnt, vor allem die Aufgabe der Reklamationsabwicklung vor Ort und die Kundenbetreuung übernimmt. Gerade bei Reklamationen müssen die fehlerhaften Produkte begutachtet werden um eine Entscheidung über die Schuldfrage zu treffen. Eine weitere Aufgabe ist die Neukundengewinnung im Nordosten Frankreichs. Hier sollte er Unternehmen suchen, welche direkt beliefert werden können. Da diese in den meisten Fällen eher kleiner sind, findet ein Außendienstmitarbeiter vor Ort besser neue Kontakte als ein Mitarbeiter im Büro. Er kann so die Produktion begutachten und gleich entscheiden, ob dieser potenzielle Kunde in das vorhandene Kundenschema passt. Der Außendienstmitarbeiter sollte auch detaillierte Marktanalysen erstellen, welche ein weiteres Vorgehen auf dem französischen Markt ermöglichen. Ein Mitarbeiter im Büro wird nie an die Informationen kommen, die ein Mitarbeiter im Außendienst aus dem Markt erhält. Er hat somit eine Schlüsselfunktion im täglichen Geschäft und ist als Informant unabdingbar.[135] Für detaillierte Angaben über die Gebietseinteilung und die Aufgaben des Außendienstmitarbeiters siehe „Entscheidungshilfen für den persönlichen Verkauf" von Prof. Dr. Sönke Albers (1989).

Gerade in der heutigen medialen Zeit sollte auch an die Eröffnung eines Online-Shops gedacht werden. Dieser vereinfacht nicht nur die Bestellabwicklung, sondern reduziert auch die Transaktionskosten. Für die Wartung und die Verbesserung der Benutzerfreundlichkeit sollte

---

[134] Vgl. Winkelmann (2006); S. 362 ff.
[135] Vgl. Winkelmann (2006); S. 288 ff.

die Marke *Neckardraht* einen Mitarbeiter einstellen. Ein gut geführter und strukturierter Online-Shop erfreut die Kunden und erhöht zudem die Verkaufschancen. Online-Shops dienen auch statistischen Zwecken, da über das System viele Informationen zum Kaufverhalten der Kunden oder den verkaufsstarken Produkten abgefragt werden können und somit eine optimale Lagerverwaltung und Lagerkostensenkungen ermöglichen.

Ein Werksverkauf sollte dann in Betracht gezogen werden, wenn ein Produktionsstandort in Frankreich vorhanden ist. Der Werksverkauf ermöglicht es nahe liegenden Unternehmen oder Privatpersonen direkt Geflechte, und natürlich auch andere Produkte, zu kaufen. Dies hat sowohl für den Kunden wie auch für die Marke *Neckardraht* gewisse Vorteile. Die Marke *Neckardraht* spart sich die Frachtkosten und der Kunde kann auch eine geringe Menge als eine komplette LKW-Ladung in Empfang nehmen. Zu Anfangs sollte der Werksverkauf auf den ersten Samstag im Monat beschränkt werden. Bei einer erhöhten Nachfrage kann der Werksverkauf im Anschluss auf weitere Termine ausgedehnt werden. Zur Kaufberatung und Zahlungsabwicklung sollte ein Teilzeit-Arbeiter oder vielleicht ein Student angestellt werden, welcher diese Aufgaben fürs Erste übernimmt.

#### 3.2.1.2 Produktbezogene Verkaufsmaßnahmen

In Bezug auf die Bedürfnisse des französischen Marktes sollte produktpolitisch daran gedacht werden ein französisches Produktionsprogramm zu fahren. Wie bereits bei der Marktanalyse geschildert, werden in Frankreich andere Abmessungen als in Deutschland verkauft. So werden die Geflechte hier in den Maschenweiten 50 mm und der Drahtstärke 2,4 mm nachgefragt. (Zum Vergleich: In Deutschland sind es die Maschenweite 60 mm und die Drahtstärke 2,8 mm.) Allerdings sollte auch marktübergreifend daran gedacht werden die Produkte weitestgehend zu standardisieren. Es gilt den optimalen Standardisierungsgrad zu bestimmen, um so das Optimum aus Effektivitätsgrad und Effizienz zu erreichen.[136] Ein Kauf von *Grillages Schertz* wäre in Bezug auf diese Situation aus mehreren Gründen in Betracht zu ziehen. Zum einen ist dieser seit etlichen Jahren schon auf diesem Markt tätig, hat dort gute Kontakte (z. B. zu *Castorama, Jardineries Delbard*), einen nicht zu verachtenden Marktanteil von 8%, einen LKW-Fuhrpark, Lagerkapazitäten und einen Maschinenpark, der der Marke *Neckardraht* weitere Produktionsmöglichkeiten bietet. Ein weiterer Gesichtspunkt ist, dass

---

[136] Vgl. Kleinaltenkamp (2002); S. 370 ff.

*Grillages Schertz* bereits bei der best gmbh marketing services, wie schon des Öfteren erwähnt, Kunde für PE-ummantelte Drähte, Ziergitter und in Engpasssituationen für Viereckgeflechte ist. Ein Produktionsstandort in Frankreich hat nicht nur aus Transportkostengründen Vorteile, sondern kann auch aus Imagegründen förderlich sein, da in Frankreich noch mehr als in anderen Ländern ein gewisser Nationalstolz vorherrscht. Unternehmen, die in Frankreich produzieren und Arbeitsplätze schaffen, werden dort positiv wahrgenommen und auch geschätzt. Von der Lage her liegt *Grillages Schertz* nicht weit von Eberbach entfernt und könnte von dort aus ohne eine große Strecke zurücklegen zu müssen mit PE-ummanteltem und verzinktem Draht, welcher zur Produktion der Geflechte dient, beliefert werden. Auf den dortigen Maschinen könnten so Drahtgeflechte mit verdrillten Enden speziell für den französischen Markt produziert und die anderen Drahtprodukte aus Eberbach bezogen werden.

Ebenso sollten die kommunikationspolitischen Maßnahmen aufeinander abgestimmt werden. Beim Produkt Drahtgeflecht sollte speziell für Frankreich ein Prospekt erstellt werden, da dort zum Beispiel auch Draht mit verdrillten Enden nachgefragt wird und für die PE-ummantelten Drahtgeflechte andere Standards üblich sind. Zur weiteren Unterstützung der Akquisitionspolitik sollten Webeanzeigen in Fachzeitschriften oder in Gartenzeitschriften geschaltet werden. Zu beachten ist auch, dass sowohl Privatkunden als auch Geschäftskunden Drahtgeflechte nachfragen. Es ist deshalb sinnvoll vermehrt auch die Endkunden direkt anzusprechen, da diese z. B. vom Zaunbauer eine bestimmte Zaunmarke für ihre Anwesen verlangen können oder selbst in den Heimwerkermarkt gehen und den Zaun selbst aufstellen. In diesem Zuge ist es auch denkbar Werbung im Fernsehen (z. B. in Regionalsendern wie „FR3“) oder im Radio auszustrahlen, um hier vor allem die in Nordostfrankreich ansässigen Zaunbauer anzusprechen und auf sich und seine Produkte aufmerksam zu machen. Um auf den Online-Shop aufmerksam zu machen, kann die Marke *Neckardraht* sich zudem in diversen Suchmaschinen eintragen (Suchmaschinenoptimierung) oder per Online-Werbung darauf verweisen. Weitere kommunikationspolitische Maßnahmen können auch Mailings, Briefkastenwerbung, Anzeigen in Regionalzeitungen und Stände bzw. Aktionen am Point of Sale sein. Messebesuche sind eine zusätzliche Möglichkeit Kontakte mit Kunden, Grossisten und anderen Ausstellern zu knüpfen. Die bekannteste Messe für Gartenartikel in Frankreich ist die „Jardin & Paysage Expo Paris“, welche wieder vom 17.-19. September 2007 stattfindet.[137]

### 3.2.2 Logistische Planung im Bereich Drahtgeflechte

Beim Produkt Drahtgeflechte spielen im Bereich Logistik zwei Komponenten eine wichtige Rolle. Diese sind die Wahl des Vertriebskanals und die Tourenplanung, ohne deren vernünftige Ausgestaltung kein Absatz generiert werden kann. Es ist deshalb nötig sich vor dem ersten Kundengespräch die Fragen zu stellen: Wen möchte ich beliefern und welche Möglichkeiten bieten sich mir um dies zu tun?

#### 3.2.2.1 Wahl des Vertriebskanals

Wie bereits eingangs erwähnt werden Drahtgeflechte sowohl von Privatpersonen wie auch Gewerbebetrieben nachgefragt. Die Marke *Neckardraht* kann hier ihre Produkte sowohl direkt wie auch indirekt vertreiben. In der neueren Marketing-Literatur wird hier von Multichannel-Marketing gesprochen, da verschiedene Vertriebskanäle gleichzeitig eingesetzt werden, um so die Erfolgschancen im Markt zu erhöhen, in dem mehr potenzielle Kunden angesprochen werden.[138] Der direkte Weg erfolgt über die Belieferung von Zaunbauern und sonstigen Gewerbebetrieben im Nordosten Frankreichs, über den Werksverkauf und über den Online-Shop. Bei der direkten Belieferung der Zaunbauer und Gewerbebetriebe werden die Händler umgangen, was der Marke *Neckardraht* mehr Freiheiten bei der Wahl ihrer Geschäftspartner gibt, und zudem einen größeren preispolitischen Spielraum ermöglicht. Der direkte Vertriebsweg ermöglicht es zudem durch den Werksverkauf (z. B. in den Räumlichkeiten von *Grillages Schertz*) und den Online-Shop direkt die Endverbraucher anzusprechen und so eine größere Absatzmenge zu erzielen, auch über die Grenzen Frankreichs hinweg.

Indirekt sollten die GSBs, Jardineries und Négoce als Vertriebskanäle verwendet werden, da diese flächendeckend in ganz Frankreich vertreten sind. GSBs und Jardineries beliefern die Endverbraucher direkt und die Négoce können sowohl GSBs, Jardineries als auch kleinere Betriebe beliefern. Die Marke *Neckardraht* kann hierdurch eine maximale Abdeckung des französischen Marktes erreichen. Durch das Nachfrageoligopol bei den GSBs bekommt die

---

[137] Vgl. Winkelmann (2006); S. 400 ff.
[138] Vgl. Bachem (2004); S. 7

Marke *Neckardraht* zwar nicht unbedingt die besten Konditionen, jedoch kann davon ausgegangen werden, dass diese eine große Abnahmemenge brauchen, da sie, wie bekannt, die breite Masse ansprechen. Dies wiederum kann zu Kostendegressionen führen und der Marke *Neckardraht* auf diesem Wege einen Nutzen bringen. Jardineries und Négoce haben meist auch größere Abnahmemengen, wobei die Jardineries den Endkunden direkt erreichen und die Négoce als Zwischenhändler tätig sind.[139] Négoce haben meist einen festen Kundenstamm den sie beliefern und verlangen deshalb von den Herstellern als Gegenleistung einen relativ hohen Preisnachlass auf die Produkte. Somit ist es für die Marke *Neckardraht* auf der einen Seite lukrativ einen solchen Partner mit diesen Kontakten zu haben, auf der anderen Seite muss man Abstriche bei der Gewinnmarge, die das Unternehmen für sich einbehalten möchte, machen.

Bei der Wahl der Vertriebskanäle muss vor allem darauf geachtet werden, dass der Informationsaustausch zwischen den Vertriebskanälen funktioniert. Beliefert die Marke *Neckardraht* beispielsweise mehrere Négoce, kann es passieren, dass es zu einer Kannibalisierung kommt. Das heißt, die Négoce beliefern dieselben Endkunden und nehmen sich somit gegenseitig Kunden weg. Für die Marke *Neckardraht* kann das einen geringeren Umsatz zur Folge haben. Genauso sieht es aus, wenn die Négoce Kunden beliefern, die von der Marke *Neckardraht* im Nordosten Frankreichs direkt beliefert werden.[140]

#### 3.2.2.2 Tourenplanung

Aus vertriebslogistischer Sicht ist bei der direkten Belieferung der Zaunbauer darauf zu achten, dass die Touren gut geplant sind und in einem Tag so viele Kunden wie möglich angefahren werden können. Im Schnitt kann hier mit 4-5 Kundenbesuchen ab Eberbach gerechnet werden.[141] Die Touren sollten sich aus dieser Situation heraus auf den Nordosten von Frankreich beschränken. Bei einem eigenen Fuhrpark in Eberbach können auf der einen Hand Transportkosten reduziert werden, da Speditionen für solche Touren mit mehreren Abladestationen zum einen schwer zu bekommen sind, weil unbeliebt, und zum anderen höhere Preise verlangen und auf der anderen Hand muss man Strukturen schaffen um einen Fuhrpark

[139] Vgl. Winkelmann (2006); S. 372 ff.
[140] Vgl. Bachem (2004); S. 84
[141] Interne Quellen

unterhalten zu können.[142] (Einstellen von Fahrern, Speditionsmitarbeitern und man braucht LKWs und Parkmöglichkeiten.) Über den Standort *Grillages Schertz* könnte die Marke *Neckardraht* jedoch ohne Weiteres den nordöstlichen Bereich Frankreichs und zudem den südwestlichen Teil Deutschlands beliefern. Zudem sind bei *Schertz* die nötigen Strukturen und ein funktionsfähiger Fuhrpark vorhanden. Ohne eigenen Fuhrpark ist die Belieferung von Eberbach aus nach Frankreich schwieriger, da wenige Speditionen, wie weiter oben bereits erwähnt, dorthin fahren. Dies wiederum spricht für einen Kauf von *Grillages Schertz* und der Nutzung seiner Produktionsstätten und des Fuhrparks.

Bei einem Online-Shop sollte ein Vertrag mit einem europaweit agierenden Logistikunternehmen geschlossen bzw. die Möglichkeit der Zusammenarbeit mit Frachtbörsen (z. B. http://www.teleroute.de) genutzt werden, welche es der Marke *Neckardraht* ermöglichen kleinere Mengen bzw. einzelne Drahtgeflechtrollen zu versenden. Nähere Informationen zum Ablauf einer solchen Frachtbörse und den Möglichkeiten finden sich auf der Homepage wieder. Bei einem Produktionsstandort in Deutschland und einem in Frankreich wäre es möglich, Frachtkosten zu sparen. In der Regel sind Inlandsversendungen über z. B. die DHL, UPS oder DPD billiger als die Grenzüberschreitende Versendung.[143] Die Marke *Neckardraht* sollte darum den Standort in Frankreich nutzen um Frankreich zu beliefern und den Standort Deutschland um Deutschland zu beliefern. Sollten Frachten außerhalb dieser Länder anfallen, so müssen die zuständigen Personen oder sogar das Computer-System bei der Bestellung entscheiden von welchem Standort aus geliefert werden soll. Hierbei bieten Unternehmen wie TNT mit ihrem weitreichenden Logistik-Netzwerk die Möglichkeit einer Versandabwicklung sowohl für volle wie auch nur teilweise beladene LKWs an.

Die indirekte Belieferung der Endkunden sollte aus Kostensicht und aus Distributionssicht bevorzugt an Zentrallager gehen.[144] Diese Möglichkeit bieten die Vertriebskanäle GSBs, Jardineries und Négoce. Hier braucht nur eine Abladestelle angefahren werden und in den meisten Fällen nehmen diese auch volle LKW-Ladungen ab. Der Vorteil liegt hier zum einen an deren hohem Bedarf und an der Tatsache, dass diese Vertriebskanäle selbst die weitere Distribution an ihre Außenlager übernehmen und der Marke *Neckardraht* somit zusätzliche Kilometer und Kosten ersparen.[145]

---

[142] Vgl. Wolter, F-H (1978); S. 63 ff.
[143] Interne Quellen
[144] Interne Quellen
[145] Vgl. Winkelmann (2006); S. 396 ff.

### 3.3 Drahtstifte

Aus den in Kapitel 2.2.3 betrachteten Bereichen Nachfrager, Konkurrenten und Vertriebsstruktur und den hierbei gefundenen Problemfeldern, soll nun im Folgenden ein Vertriebskonzept für das Produkt Drahtstifte herausgearbeitet werden.

#### 3.3.1 Produktdifferenzierung im Bereich Drahtstifte

Wie aus Kapitel 2.2.3 bekannt werden immer mehr Drahtstifte im Osten Europas und in China hergestellt und die Produktion der europäischen Hersteller dorthin verlagert.[146] Für die Marke *Neckardraht* ist es deshalb sehr wichtig, sich an die neue Marktsituation anzupassen. Da eine Produktionsverlagerung in den Osten momentan nicht infrage kommt, muss sich über eine Produktdifferenzierung Gedanken gemacht werden. Hierbei kommt es nicht nur auf eine Differenzierung des Produktes als solches an, sondern auch auf die zusätzlich angebotenen Leistungen beim Kauf. Diese machen den Unterschied zu den anderen Anbietern aus dem Osten, welche zum großen Teil nicht in der Lage sind diese Leistungen anzubieten. Wichtige Kriterien sind dabei der persönliche Kontakt zum Kunden, das Anbieten von Sonderleistungen („Value-Added-Services") und die differenzierte Marktbearbeitung je Drahtstiftsorte.

##### 3.3.1.1 Persönlicher Kontakt und Value-Added-Services

Bei den Drahtstiften bieten sich als Vertriebsformen sowohl der persönliche Kontakt zum Kunden, der mediengestützte wie auch der mediengeführte Verkauf an.[147] Beim persönlichen Kontakt über Kunden- bzw. Messebesuche geht es in erster Linie darum eine Geschäftsbeziehungen aufzubauen oder eine bestehende zu intensivieren. Da das Produkt Drahtstifte an sich kein erklärungsbedürftiges Produkt ist, kommt es bei diesen Gesprächen vor allem auf die zwischenmenschliche Beziehung zwischen den Geschäftspartnern an. Nur über eine gute Geschäftsbeziehung, abgesehen vom Preis und der Qualität, lässt sich der Verkauf dieser aus-

---

146 Vgl. http://www.dresden.ihk.de/servlet/link_file?link_id=6354&ref_knoten_id=2902&ref_detail=portal&ref_sprache=deu (24.10.06)

147 Vgl. Winkelmann (2006); S. 285 ff.

tauschbaren Produkte garantieren. Eine gute Rundumbetreuung der Kunden und zusätzliche Value-Added-Services (z. B. Haltbarkeitsgarantien auf Drahtstifte) können viele Türen öffnen.[148] Eine weitere Möglichkeit den persönlichen Kontakt zu fördern bietet der Werksverkauf. Die Kunden können so direkt zum Werk kommen, ihren Bedarf decken und wenn nötig zusätzliche Beratung bekommen. Der persönliche Verkauf sollte auf jeden Fall bevorzugt eingesetzt werden, da die Marke *Neckardraht* hier durch eine gekonnte Argumentation und Vorführung ihrer qualitativ besseren Produkte, diese von denen der osteuropäischen Konkurrenz abheben kann.[149] Der mediengestützte Verkauf soll den persönlichen unterstützen und dem Kunden eine zusätzliche Betreuung per Telefon bieten. Zur Kundenakquise ist diese Methode nur bedingt geeignet. Es werden hierdurch zwar weniger Kosten verursacht als zum Beispiel bei Kundenbesuchen, jedoch dürfte es schwierig sein jemanden am Telefon zu überzeugen warum er nun gerade die teureren Drahtstifte der Marke *Neckardraht* kaufen soll. Wie so oft, „man glaubt nur das, was man gesehen hat".[150] Der mediengeführte Verkauf über E-Commerce ist bei den Drahtstiften auch denkbar und bietet die Möglichkeit einer schnellen Abwicklung der Geschäfte. Kosteneinsparungen sind durch die Online-Abwicklung in dem Sinne möglich, dass die Auftragsabwicklung zum größten Teil automatisiert abläuft und weniger Arbeitszeit des Innendienstmitarbeiters beansprucht wird.[151] Aus vertriebsorganisatorischer Sicht sollten zwei bis vier Außendienstmitarbeiter eingestellt werden.[152] Wie auch schon beim Produkt Draht der Marke *Medra* wird es von deren Fähigkeiten abhängen, wie viele Neukunden gewonnen werden können. Es muss bei diesem Produkt, wie oben bereits erwähnt, viel Überzeugungsarbeit geleistet werden. Hierfür sollten die Außendienstmitarbeiter sowohl gute betriebswirtschaftliche Grundqualifikationen, um Umsatz- und Ergebnisziele mit den Kundenvorstellungen in eine Balance zu bringen, wie auch ein technisches Grundwissen in Bezug auf die Produkte besitzen. Um das Produkt Drahtstifte vorteilhaft darzustellen und überzeugend an den Kunden zu vermitteln müssen auch diverse Präsentationstechniken bekannt sein.[153] Der französische Markt wird von den Außendienstmitarbeitern in zwei Verkaufsregionen bearbeitet. Zum einen die Region Rhône Alpes und Nordostfrankreich, zum anderen die Region Ile de France und Nord Pas de Calais. Damit die Außendienstmitarbeiter sich voll und ganz der Kundengewinnung widmen können, sind ein

---

[148] Vgl. Beutin, N. in: Bruhn (2005); S. 299 ff.
[149] Vgl. Winkelmann (2000); S. 30
[150] Vgl. Winkelmann (2000); S. 31
[151] Vgl. Winkelmann (2000); S. 32
[152] Vgl. Sonke (1989); S. 526 ff.
[153] Vgl. Wolter, F-H (1978); S. 140 ff.

bis zwei Innendienstmitarbeiter einzustellen. Diese haben die Aufgabe die Kunden zu qualifizieren, das heißt, sie müssen schauen welche Kunden, vor allem Kleinkunden, weiterhin besucht bzw. beliefert werden sollen und bei welchen die Belieferung unrentabel ist. Weiterhin kümmern sie sich um die Abwicklung der laufenden Kundenvorgänge und unterstützen den Außendienst bei den verschiedenen Verkaufsaktionen. Der Innendienst nimmt somit die Funktion einer Schaltzentrale, welche die Außendienstmitarbeiter mit Informationen füttert, war. Für dieses Zusammenspiel ist es wichtig, dass der Informationsfluss zwischen beiden reibungslos funktioniert. Außer den Innen- und Außendienstmitarbeitern sollte auch ein Betreuer für den Web-Shop und ein oder zwei Angestellte für den Werksverkauf eingestellt werden, welche produktübergreifend arbeiten können. (siehe auch Drahtgeflechte Kapitel 3.2)[154]

### 3.3.1.2 Differenzierte Marktbearbeitung

Bei Betrachtung der Produktpalette der Marke *Neckardraht* im Bereich Drahtstifte kann eine Variantenvielfalt festgestellt werden. *„Wenn die Anzahl der Produktvarianten und damit der Grad der Produktdifferenzierung sehr groß ist, dann wird die Auswahl der Produkte durch den Kunden zunehmend durch den Zufall bestimmt, sodass eine geringe Prognostizierbarkeit der Nachfrage zu Problemen bei der Materialversorgung führt. Um in dieser Situation hohe Lagerbestände oder Lieferengpässe zu vermeiden, muss das Spektrum der angebotenen Enderzeugnisse unter wirtschaftlichen Gesichtspunkten optimiert werden."*[155] Die von der Marke *Neckardraht* angebotenen Drahtstifte lassen sich in verschiedene Anwendungsbereiche untergliedern, so gibt es Drahtstifte speziell für die Industrie, für Handwerksbetriebe und für den privaten Gebrauch. Darauf aufbauend sollte deshalb auch beim Vertrieb dieser Produkte eine Produktdifferenzierung und somit auch eine differenzierte Marktbearbeitung (Marktsegmentierung) vorgenommen werden. Als Basis einer Marktsegmentierung, einer Marktanteilssimulation und der Prognose der Absatz- und Erlöseffekte bei verschiedenen Produktpaletten dient als statistisches Verfahren die Conjoint Analyse. (Für eine detaillierte Vorgehensweise bei der Conjoint Analyse siehe: „Rathnow, Peter - J.; Integriertes Variantenmanagement; Göttingen 1993"). Eine Marktsegmentierung kann zu einer Ausweitung des Absatzes führen und somit die Maschinenauslastung in Eberbach, welche momentan wie aus

[154] Vgl. Winkelmann (2006); S. 288 ff.
[155] http://www.tu-dresden.de/wwbwllog/Download/Fallstudienseminar/Variantenmanagement.pdf (24.10.06)

Kapitel 2.1 bekannt bei 30 % liegt, verbessern. Zudem muss noch beachtet werden, dass es in Frankreich auch andere Abmessungen als beispielsweise in Deutschland gibt, welche in die Produktion mit einbezogen werden müssen und auf diesem Wege die Produktvarianten um ein vielfaches erhöhen. Die Marke *Neckardraht* hat im Gegensatz zu anderen Konkurrenten so den Vorteil einer umfassenden Produktpalette mit circa 300 Drahtstiftvarianten. Sie kann somit den Bedürfnissen der verschiedenen Kundengruppen gerecht werden. Die Mehrproduktion von Drahtstiften mit den französischen Abmessungen ist ohne Maschinenneuanschaffungen möglich und wirkt sich zudem positiv auf die Maschinenauslastung aus. Wie in dem Kapitel 2.2.3.2 bereits erwähnt, kommen 90 % der Konkurrenten aus dem Osten Europas und es existieren erhebliche Preisunterschiede von bis zu 200 Euro pro Tonne. Für die Marke *Neckardraht* ist es aus Kostensicht nicht möglich diese Differenz, die vor allem durch die Lohn- und Produktionskostenunterschiede resultiert, zu verringern. Deshalb sollte sich die Marke *Neckardraht* auf seine Stärken, der Produktion von hochwertigen Drahtstiften, der langjährigen Erfahrung und der Nähe zum Markt, berufen. Gerade bei den Handwerkern oder in der Industrie müssen die Drahtstifte qualitativ hochwertig sein und den täglichen Anforderungen genügen. In diesen Bereichen haben es die Ostkonkurrenten mit ihren Produkten noch schwer. Diese Situation gilt es für die Marke *Neckardraht* auszunutzen, indem vermehrt Kunden aus dem Handwerk und der Industrie angesprochen werden.

Kommunikationspolitische Maßnahmen sollten in diesem Zusammenhang nicht vergessen werden. Wie auch bei den Drahtgeflechten sind Werbeanzeigen in Fachzeitschriften eine gute Möglichkeit direkt Handwerksbetriebe oder die Industrie auf das Produkt Drahtstifte aufmerksam zu machen. Im regionalen Bereich bieten sich auch Zeitungsanzeigen, Radiospots und Postwurfsendungen an. Gerade der Werksverkauf kann damit angekurbelt werden. Um überregional auf sich aufmerksam zu machen sollten Messen für Zuliefererunternehmen der Industrie oder für Heimwerker besucht werden. Hier können Kontakte geknüpft und eventuell bereits erste Geschäfte getätigt werden. Wenn die Marke *Neckardraht* bereits in einem Heimwerkermarkt vertreten ist, kann ein Stand bzw. eine Verkaufsaktion am Point of Sale für zusätzliche Bekanntheit und Verkäufe sorgen. Da es in Frankreich teilweise andere Abmessungen gibt, sollte auch daran gedacht werden ein Prospekt speziell für den französischen Markt zu entwerfen. Der Online-Shop sollte über Weblinks in Suchmaschinen und Werbebanner auf verschiedenen Internetseiten vermarktet werden. Der Verkauf von Drahtstiften zu Werbezwecken über eBay ist eine weitere Chance Kunden zu gewinnen.[156]

### 3.3.2 Logistische Planung im Bereich Drahtstifte

Bei der Planung der Logistik kommt es nicht nur darauf an, dass man die Produkte so kostengünstig wie möglich von A nach B bringt. Es ist weiterhin wichtig sich zu überlegen, welche Vertriebspolitik bzw. welche Vertriebskanäle für das Produkt Drahtstifte infrage kommen. Aufbauend auf dieser Erkenntnis können anschließend Überlegungen zur Distribution angestellt werden.

#### 3.3.2.1 Vertriebskanalpolitik im Bereich Drahtstifte

Die Vertriebskanalpolitik sieht beim Produkt Drahtstifte einen direkten und einen indirekten Absatzweg vor. Der direkte Vertriebskanal sollte über die Belieferung von Handwerksbetrieben und den Fachhandel in der Region Nordostfrankreich geschehen. Zudem sollte auch an die Industrie (z. B. Palettenbau) geliefert werden, wobei es hier keine regionalen Einschränkungen gibt. Über den Werksverkauf am Produktionsstandort Frankreich, haben regionale Unternehmen und Privatpersonen die Möglichkeit kostengünstig ihre Drahtstifte zu kaufen, da hier die Transportkosten für die Marke *Neckardraht* bei Selbstabholung entfallen. Als Ergänzung zum Werksverkauf können die Drahtstifte auch über einen Online-Shop vertrieben werden. Der direkte Absatzweg bietet der Marke *Neckardraht* eine Unabhängigkeit in der Wahl ihrer Geschäftspartner, einen besseren Preisspielraum und über das Internet eine größere Kundenreichweite.[157]

Der indirekte Vertriebskanal sollte wie auch beim Produkt Drahtgeflechte über die GSBs und die Négoce erfolgen. Es ist nun einmal so, dass diese im französischen Markt die einzigen indirekten Vertriebskanäle sind, welche eine große Käuferschicht erreichen können, wie aus Kapitel 2.2.3.3 bereits bekannt. Die GSBs eignen sich vor allem für die Zielgruppe der Privatpersonen. Allerdings wird es hier sicher relativ schwer sein einen Einstieg zu finden, da die GSBs eine große Marktmacht besitzen und die Eintrittspreise bestimmen können. Betrachtet man hier die Preise der osteuropäischen Konkurrenz, so sind diese im Vorteil. Die

---

[156] Vgl. Winkelmann (2006); S. 400 ff.
[157] Vgl. Kleinaltenkamp, M. (2002); S.379 f.

Négoce beliefern, wie schon in den vorangegangenen Kapiteln gehört, eine Vielzahl an Vertriebskanälen. Somit ist es auf diesem Wege für die Marke *Neckardraht* möglich eine flächendeckende Belieferung der Kunden zu garantieren, ohne selbst direkt an diese liefern zu müssen.[158]

### 3.3.2.2 Möglichkeiten der Kundenbelieferung

Aus vertriebslogistischen Gesichtspunkten sollten die Fachhändler und Handwerker bevorzugt in einem kleinen Umkreis beliefert werden, sodass die Touren in einem Tag bewerkstelligt werden können. Es wäre auch zu überlegen, ob man die Belieferung anstatt mit einem LKW mit einem *Mercedes-Sprinter* durchführt. Diese Wagen haben einen ordentlichen Laderaum, welcher für Drahtstifte ausreicht, und sind im Verbrauch zum LKW spritsparender. Die Belieferung der Industrieunternehmen kann in entferntere Regionen erfolgen, da diese Abnehmergruppe meist komplette LKW-Ladungen abnimmt. Sollte es jedoch einmal vorkommen, dass dies nicht der Fall ist, so ist eine Rentabilitätsanalyse durchzuführen. Ziel muss es sein, andere Liefermöglichkeiten (z. B. per Waggon oder Post) zu prüfen und so trotzdem eine direkte Belieferung zu ermöglichen. Das Problem von geringen Bestellmengen kann vermehrt beim Verkauf über den Online-Shop auftreten. Es empfiehlt sich auch hier, wie auch bereits bei den Drahtgeflechten, durchaus eine Kooperation mit einem Logistikunternehmen wie die DHL oder UPS, welche europaweit agieren und in vielen Ländern Warenumschlagslager besitzen. Solche weitreichende Netzwerke sind für die Marke *Neckardraht* sehr hilfreich, da man selbst nicht in der Lage ist überall nach Frankreich zu liefern. Auch beim indirekten Vertrieb über die GSBs und die Négoce ist dies ein großer Vorteil, da diese gute Kontakte und die benötigte logistische Infrastruktur haben. Die Marke *Neckardraht* muss so nur an deren Zentrallager liefern, die weitere Verteilung der Waren erfolgt dann über die GSBs oder die Négoce selbst.

## 3.4 Feingitter

Wie in Kapitel 2.2.4 bereits erwähnt beinhaltet der Oberbegriff „Feingitter" sowohl Estrichgitter wie auch Heizungsbaugitter. Im Folgenden soll für diese Produkte ein Vertriebskonzept vorgestellt werden. Es kommt hierbei je nach dem zu leichten Abweichungen zwischen den

---

[158] Vgl. Winkelmann (2006); S. 372 ff.

Produkten. Dies liegt zum größten Teil daran, dass Estrichgitter in Frankreich schon bekannt und die Heizungsbaugitter so gut wie unbekannt sind.

### 3.4.1 Maßnahmen zur Erhöhung der Produktbekanntheit

Estrichgitter werden in Frankreich schon vereinzelt verkauft und sind in der Form schon auf dem Markt bekannt. Hier muss „nur" eine Absatzausweitung bzw. eine Erhöhung der Markenbekanntheit erfolgen. Das Produkt Heizungsbaugitter ist jedoch in der von der Marke *Neckardraht* angebotenen Form noch nicht bekannt, deshalb muss hier verstärkt an der Erhöhung der Produktbekanntheit gearbeitet werden. Hierzu sollte die Marke *Neckardraht* auf den persönlichen Kontakt zum Kunden und auf verkaufsfördernde Maßnahmen setzten.

#### 3.4.1.1 Förderung des Kundenkontaktes

Die Estrichgitter sollten vorrangig mediengestützt über den Telefonverkauf vertrieben werden, da sie bereits eine große Produktbekanntheit im französischen Markt haben, einen hohen Standardisierungsgrad aufweisen und die Kunden somit genau wissen welche Abmessungen sie benötigen ohne groß beraten zu werden. Kunden- und Messebesuche können eine zusätzliche Möglichkeit bieten, um Kunden von seinem Produkt zu überzeugen und dessen Produkt- und Markenbekanntheit zu erhöhen. In der Regel sind Abnehmer von Estrichgitter auch potenzielle Kunden von Heizungsbaugittern, somit lassen sich die Besuche hier gut verbinden. Für das Produkt Heizungsbaugitter bietet sich, durch die nicht vorhandene Produktbekanntheit, vor allem der persönliche Verkauf an. Wichtig sind in diesem Zusammenhang Kundenbesuche und Messen, da hier ein direkter Kontakt entsteht und die Geschäftspartner viel lockerer miteinander umgehen. Vorteilhaft ist hierbei auch die Tatsache, dass sich die Kunden das Produkt anschauen können und es somit leichter fällt, technische Fragen zu beantworten. Hilfreich kann auch eine Demonstration an einem Heizungsbaugitter sein, da die Kunden somit eine bildhafte Darstellung bekommen und es damit für sie leichter ist das Produkt zu verstehen.[159] Mediengestützte Verkaufsformen, wie z. B. der Telefonverkauf, bieten sich beim Produkt Heizungsbaugitter erst bei einem Folgeauftrag oder bei einer gewissen Produktbekanntheit an. Bei beiden Produkten Estrich- und Heizungsbaugitter ist eine Online-Abwicklung über ein Internetformular durchaus denkbar. Dies verkürzt die Ab-

[159] Vgl. Albers, S. (1989); S. 19 ff.

wicklungszeit und erleichtert die Bestellabwicklung dadurch, dass alle nötigen Informationen vorhanden sind. Ein Werksverkauf bietet ebenfalls einen direkten Kontakt zum Kunden und kann zur Verkaufsförderung der Produkte beisteuern.[160]

Um die Estrich- und Heizungsbaugitter zu vertreiben, sollten zwei Außendienstmitarbeiter angestellt werden. [161] Als Verkaufsgebiete kommen hier Nord- und Südfrankreich infrage, dies hängt damit zusammen, dass die Anzahl der Kunden im Bereich Feingitter überschaubar ist.[162] Hauptaufgabe der Außendienstmitarbeiter ist es, Neukunden zu akquirieren und deren Potenzial einzuschätzen. Bei bestehenden Kunden sollte ein Informationsaustausch bezüglich der Produkterfahrung stattfinden, um an einer Produktverbesserung arbeiten zu können. Gerade beim Produkt Heizungsbaugitter, welches in Frankreich noch wenig bekannt ist, können Probleme auftreten. Diese gilt es dann so schnell wie möglich zu beheben bzw. die Marke *Neckardraht* muss das Produkt Heizungsbaugitter dann eventuell an die französischen Marktbedürfnisse anpassen. Eine weitere wichtige Aufgabe des Außendienstmitarbeiters ist die Stammkundensicherung und –betreuung. *„Einen Neukunden zu gewinnen, kostet ein Unternehmen etwa fünf Mal so viel wie einen Kunden zu halten. Daher stehen Kundenzufriedenheit und Kundenbindung im Mittelpunkt [...]. Sie bestimmen über Wiederholungskäufe der Kunden und damit über den langfristigen Marktanteil des Unternehmens.“*[163] Ein Außendienstmitarbeiter sollte deshalb Einfühlungsvermögen in die Situation des Kunden haben und nicht immer nur auf den Profit schauen. Als weitere Aufgabe sollten die Außendienstmitarbeiter vor Ort den Kunden über die Liefermöglichkeiten aufklären und gegebenenfalls mit ihm abklären, ob ein Transport per Waggon oder Schiff für ihn infrage kommt.

Zur Verkaufsunterstützung des Außendienstes müssen Innendienstmitarbeiter eingestellt werden. Hier sollten am Anfang ein bis zwei Personen reichen. Ihre Hauptaufgabe ist die Unterstützung des Außendienstes, die Abwicklung der laufenden Kundenvorgänge und beim Produkt Estrichgitter noch zusätzlich die Neukundenakquise per Telefon. Somit haben die Innendienstmitarbeiter ein breites Arbeitsfeld und eine große Verantwortung zu tragen. Innendienstmitarbeiter müssen ein organisatorisches Talent besitzen und in jeder Situation einen klaren Kopf bewahren. Innen- und Außendienst müssen gemeinsam darauf achten, dass der Informationsfluss untereinander reibungslos und schnell funktioniert. Dies ist auch im

---

[160] Vgl. Winkelmann (2006); S. 285 ff.
[161] Vgl. Albers, S. (1989); S. 506 ff.
[162] Vgl. Wolter, F-H (1978); S. 74 f.
[163] Professor Dr. Jörn - Axel Meyer auf: http://www.dikmu.de/Kolumne.htm (24.10.06)

Hinblick auf die von beiden Seiten gesammelten Marktinformationen und die Wahl der Handelspartner wichtig, doch hierzu später mehr. Für den Werksverkauf genügen ein bis zwei Angestellte, welche die Kunden bei ihrem Kauf betreuen und beratend zur Seite stehen.[164]

### 3.4.1.2 Produktpolitik - Einsatz verkaufsunterstützender Medien

Der französische Markt für Estrichgitter kennt auch eine Variante in Rollenform. Allerdings sollte die Marke *Neckardraht* davon Abstand nehmen, da diese einen Widerspruch zu den in Gitterform angebotenen darstellen. Zum einen werden sie billiger angeboten und zum anderen haben sie nicht die gleichen Eigenschaften. Die Marke *Neckardraht* hat bei ihren bisherigen kommunikationspolitischen Maßnahmen auf die negativen Eigenschaften dieser in Rollenform produzierter Estrichgitter hingewiesen, um sich so einen Vorteil zu verschaffen. Deshalb wäre es unklug, nun solche Estrichgitter zusätzlich zu produzieren und unter demselben Markennamen zu vertreiben. Es würde die Kunden verwirren und vielleicht auch die Marke *Neckardraht* als unglaubwürdig erscheinen lassen. Bei den Heizungsbaugittern sind noch freie Kapazitäten in Höhe von 1.000 Tonnen vorhanden, welche auf jeden Fall ausreichen um den französischen Markt in den nächsten Jahren zu bedienen. Somit müssen hier keine weiteren Maschinen angeschafft werden. Es könnte aber zu einer Anpassung an die französischen Marktbedürfnisse kommen, wenn das Produkt bekannter ist. So kann es sein, dass andere Abmessungen oder Produkteigenschaften nachgefragt werden. Darauf muss sich dann die Marke *Neckardraht* einstellen und eventuell produktionstechnische Änderungen durchführen.[165] Um den Verkauf der Feingitter zu unterstützen und voranzutreiben müssen auch kommunikationspolitische Maßnahmen ergriffen werden. Werbung in Fachzeitschriften und Messebesuche sind hier mit die wichtigsten Möglichkeiten um Kontakte zu knüpfen und seinen Bekanntheitsgrad zu erhöhen. Weiterhin müssen Prospekte und eine Internetseite in französischer Sprache erstellt werden. Bei beiden sollte darauf geachtet werden, dass sie informativ und selbsterklärend sind. Dadurch, dass das Produkt Heizungsbaugitter ein neues Produkt auf dem französischen Markt ist, ist es erklärungsbedürftig. In den Prospekten und auf der Internetseite muss dem Kunden, egal ob Privatperson oder Gewerbebetrieb, bildlich wie auch schriftlich dargestellt werden, wie das Produkt zu handhaben ist und was die Vorteile gegenüber den anderen Systemen sind. Hilfreich könnte auch ein Film sein, welcher das

---

[164] Vgl. Winkelmann (2006); S. 288 ff.
[165] Vgl. Kleinaltenkamp, M. (2002); S. 370 ff.

Produkt vorstellt. Hier könnten die Montage, die Vorteile und auch häufig gestellte Fragen behandelt werden. Dieser (Lehr-) Film kann dann als Werbematerial an potenzielle Kunden geschickt werden, welche diesen auch gerne vervielfältigen und an ihre Kunden schicken können. Dies bedeutet ein relativ geringer Kostenaufwand und zusätzlich entsteht der Effekt eines Kettenbriefes, welcher immer weiter verschickt wird und immer mehr Menschen erreicht. Zu beachten ist allerdings, dass der Markenname immer schön erkennbar ist. Das Ziel muss sein, dass die Menschen in Frankreich, wenn sie den Namen „Heizungsbaugitter" hören, gleich an die Marke *Neckardraht* denken. Eine weitere unterstützende Verkaufsmaßnahme kann das Angebot von einem Seminar für Estrichleger und Heizungsbauer sein. In diesen Seminaren wird ihnen sowohl theoretisch wie auch praktisch beigebracht, wie Heizungsbaugitter zu installieren sind. Bei vielen potenziellen Kunden kann es so sein, dass sie, aus Unkenntnis, nicht mit der Installation zurechtkommen, die Heizungsbaugitter falsch installieren und deshalb nie wieder Heizungsbaugitter kaufen. Es ist deshalb besser vorbeugende Maßnahmen zu ergreifen und ein bisschen mehr Zeit und Geld zu investieren, als nachher unzufriedene Kunden zu haben.

### 3.4.2 Logistische Planung im Bereich Feingitter

Wie bei den anderen Produkten der Marke *Neckardraht* stellt sich auch bei den Feingittern die Frage nach dem Vertriebskanal und der Distribution. Im Bereich Feingitter ist jedoch die Marktkonstellation eine andere. Hier können nur über den indirekten Vertriebsweg Waren an den Endkunden verkauft werden. Eine Frachtkostenoptimierung sollte auch hier in Betracht gezogen werden. Glücklicherweise ist es bei den Feingittern so, dass zu 90 % volle LKW-Ladungen abgenommen und zu einem Anlieferort gebracht werden. Dies muss nicht immer ein Zentrallager, sondern kann auch eine Baustelle sein.

#### 3.4.2.1 Indirekter Vertriebskanal

Zur Belieferung der Kunden mit Feingitter sollte die Marke *Neckardraht* verstärkt auf den indirekten Vertrieb setzen. Direkt ist eigentlich nur der Werksverkauf zu empfehlen, da hier ein verhältnismäßig geringer Aufwand zu betreiben ist und die Kosten doch recht überschaubar sind. Indirekt sollte der Vertrieb über die GSBs, den Stahlhandel, die Betonstahlverarbeitungsbetriebe und die Négoce erfolgen. Die GSBs sind hierbei die Einzigen, die an den

Endkunden direkt verkaufen. Momentan ist es in Frankreich allerdings so, dass diese Vertriebsvariante noch nicht sehr oft von Estrich- und Heizungsbaugitterhersteller in Anspruch genommen wird.[166] Es ist aber so, dass immer mehr Menschen versuchen selbst handwerklich tätig zu werden und somit der Bedarf in den GSBs in den kommenden Jahren steigen wird.[167] Für die Marke *Neckardraht* ist das eine Chance seinen Absatz noch weiter zu erhöhen. Bei den anderen indirekten Vertriebskanälen ist Vorsicht geboten, da hier jeder theoretisch jeden beliefern kann. Den größten Einfluss hat der Stahlhandel, danach folgen die Betonstahlverarbeitungsbetriebe und die Négoce. Um im französischen Markt, gerade mit dem Produkt Heizungsbaugitter, Fuß zu fassen, sollte zumindest anfangs vermehrt mit dem Stahlhandel und den Betonstahlverarbeitungsbetrieben kooperiert werden. Wichtig ist hier, dass die Außen- und Innendienstmitarbeiter schnell herausfinden wer wen beliefert um so Kannibalisierungen der Umsätze in den beiden Absatzwegen rechtzeitig zu erkennen oder gar zu verhindern.[168]

#### 3.4.2.2 Kostenminimierung durch Frachtkostenoptimierung

Aus vertriebslogistischer Sicht ist die Belieferung relativ einfach durchzuführen. Alle Vertriebskanäle nehmen zu 90 % volle LKW-Ladungen ab. Die Belieferung findet meist an einem Ort statt. Dieser kann sowohl ein Zentrallager als auch eine Baustelle sein. Falls keine kompletten LKW-Ladungen zustande kommen sollten, so gibt es auch bei den Feingittern die Möglichkeit Frachten auf Frachtbörsen zu vergeben und so komplette LKW-Ladungen zu erzielen. Zur Frachtkostenoptimierung sollte auch an eine Anlieferung per Waggon oder Schiff gedacht werden, da hier ein größeres Volumen transportiert werden kann und somit die Transportkosten pro Tonne niedriger ausfallen. Der Nachteil bei Lieferungen per Schiff ist jedoch die längere Lieferzeit, die es in den meisten Fällen unmöglich macht eine Just-In-Time Lieferung an die Baustellen durchzuführen. Lieferungen per Schiff oder Waggon an den Stahlhandel oder an die anderen Vertriebskanäle sind indes denkbar, da diese den Materialverbrauch im Voraus einplanen und sich auf die verlängerte Lieferzeit einstellen können.[169] Sollte ein Werk in Frankreich infrage kommen, so ist es auch denkbar dort ein Zwischenlager für Feingitter einzurichten, um so flexibler auf Anfragen reagieren zu können und eine

[166] Interne Quellen
[167] Vgl. http://www.observateur-cetelem.com/observateur/2006/pdf/ctlmobs_marches_06.pdf (23.10.06)
[168] Vgl. Winkelmann (2006); S. 372 ff.
[169] Interne Quellen

bessere Just-In-Time Lieferung zu gewährleisten. Auch der Werksverkauf funktioniert nur, wenn Feingitter auf Lager sind und die Kunden diese gleich mitnehmen können.

## Schlusswort

In der vorliegenden Diplomarbeit wurde in der Einleitung das Unternehmen *best gmbh marketing services* und die von ihr betreuten Marken *Baustahlgewebe*, *Medra* und *Neckardraht* vorgestellt. Die *best gmbh marketing services* als Dienstleister trägt für diese Marken eine Absatzverantwortung. Ihre Aufgabe ist es ein Umfeld für die Marken zu schaffen, welches deren Absatzchancen erhöht und diese im Zeitverlauf maximiert. Jede dieser Marken hat ihr eigenes Produktfeld bzw. ihre eigene Kundengruppe. Dies führt dazu, dass sie sich voneinander abgrenzen und nicht in Konkurrenz zueinander stehen. Die *best gmbh marketing services* macht sich dies zunutze und bietet so dem Kunden ein breites Produktsortiment an. Durch diese Markenpolitik entstehen Synergie-Effekte, welche den drei Marken gegenüber ihren jeweiligen Konkurrenten im Markt Vorteile verschaffen sollen. So ist es zum Beispiel durchaus denkbar, dass ein Kunde verschiedene Produkte von den verschiedenen Marken kauft und alles auf einem LKW geliefert bekommt. Dies erhöht sowohl die Flexibilität der drei Marken als auch die der Kunden. Die Kunden verringern durch die Bestellung aller Produkte bei einem Hersteller zum Beispiel auch ihre anfallenden Transaktionskosten, welche nicht nur einen Geldwert repräsentieren, sondern auch den Zeitaufwand berücksichtigen, der für die Anbahnung und Abwicklung der Geschäfte nötig ist.

Das Primärziel dieser Diplomarbeit ist ein Vertriebskonzept zu erstellen, welches es dem Unternehmen *best gmbh marketing services* erlaubt die Marken *Medra* und *Neckardraht* im französischen Markt zu positionieren und den etablierten Unternehmen Marktanteile zu nehmen. Im zweiten Schritt sollen die Maschinen in Deutschland ausgelastet werden um so eine Fixkostendegression zu erzielen.

Um die Strategie bzw. das Vertriebskonzept zur Erreichung dieser Ziele abzuleiten, wurde im zweiten Kapitel eine Situationsanalyse für die, von den Marken geführten Produktgruppen (Draht, Drahtgeflechte, Drahtstifte und Feingitter) durchgeführt.

Zu Beginn dieses Kapitels wurde sowohl auf den technischen wie auch betriebswirtschaftlichen Typus der Produkte eingegangen. Ausgehend vom Rohstoff Alteisen und der Weiterverarbeitung zu Walzdraht und schließlich Draht, wurde die Herstellung der verschiedenen Produkte kurz erklärt. Dabei war zu erkennen, dass Draht für viele Produkte, wie zum Beispiel Drahtgeflechte, Drahtstifte, Estrich- und Heizungsbaugitter das Ausgangsmaterial bei der Fertigung ist. Draht hat somit eine wichtige Bedeutung in der (weiterverarbeitenden) Industrie und in der Wirtschaft. Der bei der Marke *Medra* gefertigte Draht hat höherwertige Drahteigenschaften als der der Marke *Neckardraht*. Es ist somit möglich innerhalb dieser Produktgruppe eine unterschiedliche Marktbearbeitung durchzuführen und nicht in Konkurrenz zu stehen. Zudem wird der Draht der Marke *Neckardraht* überwiegend zur Eigenproduktion von Drahtgeflechten, Drahtstiften und Feingitter verwendet. Die betriebswirtschaftliche Betrachtung der Produkte beschäftigte sich mit dem Nachfrageverhalten, der Abwicklung der Geschäfte, den hierbei zu durchlaufenden Kaufphasen und der an der Abwicklung beteiligten Personen. Als Ergebnis kam hier beim Nachfrageverhalten und bei der Abwicklung der Geschäfte eine Zweiteilung der Produktgruppen heraus. Auf der einen Seite siedelte sich die Produktgruppe Draht und auf der anderen Seite siedelten sich die restlichen Produktgruppen an. Diese Zweiteilung hängt damit zusammen, dass das Produkt Draht eindeutig als Industriegut, das heißt die Nachfrager sind Industrieunternehmen, einzuordnen ist und seine Geschäfte im Zulieferergeschäft tätigt. Die Merkmale für Zulieferergeschäfte sind ein einzelkundenorientierter Vertrieb der Produkte und ein länger andauernder Kaufverbund zwischen den Geschäftspartnern. Bei den restlichen Produktgruppen lässt sich keine eindeutige Abgrenzung beim Nachfrageverhalten durchführen. Diese Produktgruppen können sowohl Industrie- wie auch Konsumgüter sein. Als Eigendefinition entstand hier der Begriff „konsumierbare Industriegüter" der den doppeldeutigen Charakter dieser Produktgruppen zum Ausdruck bringen soll. Bei der Abwicklung der Geschäfte spricht man bei diesen Produktgruppen von einem Produktgeschäft, da sie zum größten Teil standardisiert und für einen breiten Markt angelegt sind. Das Ziel ist ein hoher Absatz in so vielen Marktsegmenten wie nur möglich, ohne einen zeitlichen Kaufverbund mit Kunden einzugehen und so von ihnen abhängig zu sein. Bei der Betrachtung der Kaufphasen und der am Kaufprozess beteiligten Personen wurde zwischen B2B- und B2C-Märkten unterschieden. Im Allgemeinen lässt sich hier sagen, dass Käufer auf B2C-Märten spontaner und flexibler einkaufen als Käufer auf B2B-Märten. Der Grund liegt darin, dass die Anzahl der am Kaufprozess beteiligten Personen auf B2C-Märkten geringer ist als auf B2B-Märkten. In diesem Zusammenhang spricht man in B2B-Märkten von streng organisierten „Buying-Centern", welche in großen Unternehmen eine Vielzahl an Mitarbeitern beschäftigt und hierdurch einen hohen, unflexiblen Organisationsgrad erreichen. Das Resultat ist, dass jeder Einkauf bzw. Verkauf vorher geplant und zwischen den beteiligten Personen abgestimmt und koordiniert werden muss.

Im weiteren Verlauf des zweiten Kapitels wurden die Marktbedingungen in den einzelnen Produktgruppen untersucht und hierbei für jede Produktgruppe eine Analyse der Nachfrager- und Konkurrenzsituation und der Vertriebsstruktur durchgeführt. Dabei wurden eventuelle Problemfelder aufgedeckt und näher erläutert, um daraus später im zweiten Kapitel ein Vertriebskonzept ableiten zu können.

Bei der Produktgruppe Draht fiel bei der Analyse der Nachfrager und der Konkurrenz auf, dass sich beide in bestimmten Regionen in Frankreich angesiedelt haben. Vor allem die Regionen Rhône Alpes, Ile de France und Nord Pas de Calais verzeichnen eine große Anzahl an Drahthersteller und Drahtweiterverarbeitungsbetriebe. Der Hauptgrund hierfür ist sowohl geologischer wie auch historischer Natur. Früher haben sich die Drahthersteller dort angesiedelt wo auch der kürzeste Weg zum Rohmaterial war. Da in diesen Regionen große Eisenvorkommen waren und immer noch sind, wurden diese auch dort abgebaut und geschmolzen. Infolgedessen siedelten sich nach und nach immer mehr Unternehmen, vom Drahterzeuger bis zum Weiterverarbeitungsbetrieb, dort an. Bis heute hat sich daran nichts geändert und diese Regionen gehören mit zu den Produktivsten in ganz Frankreich.

Die Produktgruppen Drahtgeflechte und Drahtstifte zeigten bei der Analyse der Vertriebsstruktur Überraschungen. So ist bei beiden ganz deutlich eine Marktkonzentration im Bereich der Absatzwege zu sehen. Hier haben die beiden größten Absatzkanäle, die GSBs (53,6%) und die Négoce (17,6%), zusammen einen Marktanteil von 71,1%. Hier ist aber wiederum bei den GSBs auffällig, dass die fünf größten GSBs einen Marktanteil von 88,4% in Frankreich haben. Das heißt als Schlussfolgerung, man kann entweder mit den GSBs und Négoce arbeiten und muss ihre Bedingungen akzeptieren oder man arbeitet nicht mit ihnen und riskiert dadurch eine Verringerung seiner Absatzchancen.

Bei der Produktgruppe Feingitter kam bei der Analyse der Nachfrager und Konkurrenz heraus, dass das Produkt Heizungsbaugitter in Frankreich in der Form kaum bekannt ist. Es werden zwar Bodenheizungen in Frankreich verlegt, allerdings werden hier andere Systeme verwendet (Noppenplatten- und Trockenbauplattensysteme). Angesichts des Baubooms in Frankreich dürften die Absatzchancen für Bodenheizungen und demnach auch für Heizungsbaugitter steigen. Es ist deshalb durchaus möglich auf diesem Markt Fußzufassen und den anderen Systemen Marktanteile zu nehmen. Die Analyse der Vertriebsstruktur in dieser

Produktgruppe förderte einen Unterschied zu der der anderen Produktgruppen zutage. So ist es hier so, dass beim indirekten Vertrieb der Stahlhandel und die Betonstahlverarbeitungsbetriebe die größte Marktmacht haben. Der Stahlhandel ist in dieser Produktgruppe der wichtigste Partner, da er den größten Marktanteil hat und mitunter auch die anderen Vertriebskanäle beliefert. Aufgrund dieser guten Position des Stahlhandels können diese bei den Verhandlungen mit potenziellen Lieferanten gehobene Forderungen stellen. Wie bei den Produktgruppen Drahtgeflechte und Drahtstifte kann man auf die Forderungen eingehen und einen größeren Absatz verbuchen oder man geht nicht darauf ein und verringert so seine Absatzchancen im Markt.

Im dritten Kapitel wurden anhand der Informationen aus der Situationsanalyse produktspezifische Vertriebskonzepte erstellt. Hierbei konnten differenzierte Vorgehensweisen zwischen den Produktgruppen festgestellt werden.

Bei der Produktgruppe Draht wurde zudem zwischen den Marken *Medra* und *Neckardraht* unterschieden. Hintergrund ist, dass der Draht der Marke *Medra* ausschließlich über den direkten Absatzweg vertrieben wird. Das Produkt ist erklärungsbedürftiger und erfordert die Nähe zum Kunden. Es ist beim Draht der Marke *Medra* wichtig den Anforderungen des Kunden gerecht zu werden und ihm eine einwandfreie Produktion gewährleisten zu können. Die Kunden der Marke *Medra* sind vor allem Zuliefererfirmen der Automobilindustrie oder Hersteller von Einkaufswagen und Spülmaschinenkörben, die selbst hohe Produktionsauflagen vonseiten ihrer Kunden haben. Die Marke *Neckardraht* kann ihren Draht sowohl direkt wie auch indirekt vertreiben. Beim direkten Vertrieb ist allerdings eine regionale Einschränkung auf den Nordosten Frankreichs zu beachten. Dies resultiert aus Rentabilitätsgründen, da die Abnehmer dieser Drähte eher in kleineren Mengen bestellen und somit Touren bei der Belieferung geplant werden müssen. Auf diesen Touren können dann höchstens vier bis fünf Kunden pro Tag angefahren werden, was den Distributionsradius einschränkt. Beim indirekten Vertrieb über die Négoce (Grossisten) können diese Einschränkungen aufgehoben werden, da die Marke *Neckardraht* hier direkt an deren Zentrallager liefern kann und die Négoce dann die weitere Verteilung übernehmen. Hier muss aber vorher abgeklärt werden, wer wen beliefert, damit es keine Überschneidungen mit dem direkten Vertrieb gibt.

Das Vertriebskonzept der Produktgruppe Drahtgeflechte sieht eine direkte wie auch indirekte Vertriebspolitik vor, da dieses Produkt ein „konsumierbares Industriegut“ ist. Sowohl Zaunbauer wie auch Privatpersonen fragen dieses Produkt nach. Auf dem direkten Weg werden deshalb die Gewerbebetriebe im Nordosten Frankreichs per LKW beliefert und über den Werksverkauf können zusätzlich auch Privatpersonen aus der Umgebung direkt ihre Drahtgeflechte kaufen. Indirekt wird der Vertrieb über die GSBs, Jardineries und Négoce abgewickelt, welche die nötige Infrastruktur besitzen um ganz Frankreich zu beliefern.

Die Drahtstifte werden auf ähnliche Weise vertrieben. Direkt werden der Fachhandel und die Handwerksbetriebe in Nordostfrankreich sowie die Industriebetriebe (z. B. Palettenbau) in ganz Frankreich beliefert. Indirekt werden wiederum die GSBs und die Négoce ins Boot geholt, um profitabel in ganz Frankreich liefern zu können.

Zusätzlich können die Produktgruppen Drahtgeflechte und Drahtstifte per Internet vertrieben werden. Online-Shops bieten vor allem bei Standardprodukten die Möglichkeit Abwicklungskosten zu reduzieren, da die Bestellungen vom System generiert werden und direkt zum zuständigen Innendienstmitarbeiter weitergeleitet werden. Dieser muss sie nur noch prüfen und bestätigen. Dies erspart eine Menge Zeit und Arbeit und gibt dem Innendienstmitarbeiter die Möglichkeit sich um wichtigere Aufgaben, wie der Unterstützung des Außendienstes zu kümmern.

Das Vertriebskonzept für die Produktgruppe Feingitter sieht auf der einen Seite einen direkten Vertrieb über einen Werksverkauf vor und auf der anderen Seite einen indirekten Vertrieb über die GSBs, die Négoce, den Stahlhandel und die Betonstahlverarbeitungsbetriebe. Die GSBs sind der einzige Vertriebskanal, welcher direkt an den Endkunden anbietet. Die anderen Vertriebskanäle beliefern sich zum einen gegenseitig und zum anderen beliefern sie Industrieunternehmen. Bei der Zusammenarbeit mit diesen Vertriebskanälen ist es für die Marke *Neckardraht* sehr wichtig immer zu wissen wer wen beliefert, sodass keine Kannibalisierung in den Vertriebskanälen stattfinden kann und so die mögliche Absatzmenge nicht optimal abgeschöpft wird.

Zusammenfassend lässt sich festhalten, dass der französische Markt für die Produktgruppen der Marken *Medra* und *Neckardraht* eine weitere gute Absatzmöglichkeit bietet. Vorteilhaft kann zudem ein Produktionsstandort beider Marken in Frankreich sein, da hierdurch die Identifikation mit dem Land gezeigt wird. Kommunikationspolitisch lässt sich das gut vermarkten und kann somit das Image der Marken *Neckardraht* und *Medra* beeinflussen. Nicht nur aus kommunikationspolitischer sondern auch aus Kosten- und Logistikgründen ist ein Produktionsstandort in Frankreich sinnvoll. Gerade bei der Marke *Medra*, bei welcher die Entfernung von Brandenburg nach Frankreich doch sehr weit ist, können hierdurch Frachtkosten reduziert werden. Bei der Marke *Neckardraht* bietet sich eine Übernahme des Unternehmens *Grillages Schertz* sowohl aus wirtschaftliche, produktionstechnischen und logistischen Gründen an. *Grillages Schertz* besitzt einen Marktanteil im Bereich Drahtgeflechte von 8%, hat einen eigenen Fuhrpark und gute Kontakte in den französischen Markt. Zudem hat das Unternehmen die zur Produktion benötigten Maschinen. Da *Grillages Schertz* bereits Kunde bei der Marke *Neckardraht* ist und zum einen Draht zur Produktion und zum anderen Ziergitter und Drahtgeflechte (in Engpasssituationen) kauft, ist eine Eingliederung in das Umfeld der Marke *Neckardraht* mit geringem organisatorischem Aufwand zu bewerkstelligen. Produktübergreifend können die Lagerräume von *Grillages Schertz* sowohl zum Lagern der Produkte, wie auch zum Werksverkauf genutzt werden. Bei einem Online-Shop können so auch Produkte ab dem Lager in Frankreich versendet werden und so die Flexibilität der Distribution erhöhen und helfen Kosten zu sparen.

# 4. Literaturverzeichnis

*Albers,* Sönke; Entscheidungshilfen für den persönlichen Verkauf; (Schriften zum Marketing; Band 26); Berlin 1989

*Baaken,* Thomas; Business-to-Business-Kommunikation: neue Entwicklungen im B2B-Marketing; Berlin 2002

*Backhaus,* Klaus; Investitionsgütermarketing; 3. Auflage; München 1992

*Backhaus,* Klaus; Industriegütermarketing; 7. Auflage; München 2003

*Becker,* Jochen; Marketing-Konzeption; 8. Auflage; München 2006

*Biermann,* Thomas; Dienstleistungs-Management; 1. Auflage; Wien 1999

*Bruhn,* Manfred; Relationship Marketing; Wiesbaden 2001

*Bruhn,* Manfred; Kommunikationspolitik; 2. Auflage; München 2003

*Bruhn,* Manfred; Unternehmens- und Markenkommunikation; München 2005

*Bruhn,* Manfred/*Homburg,* Christian; Handbuch Kundenbindungsmanagement; 5. Auflage; Wiesbaden 2005

*Büschken,* Joachim; Multipersonale Kaufentscheidungen : empirische Analyse zur Operationalisierung von Einflussbeziehungen im Buying Center; 1. Auflage; Wiesbaden 1994

*Diller,* Hermann/*Haas,* Alexander/*Ivens,* Björn; Verkauf und Kundenmanagement – Eine prozessorientierte Konzeption; 1. Auflage; Stuttgart 2005

*Düttmann,* Martina/*Sensen,* Stephan; Draht: vom Kettenhemd zum Supraleiter; Iserlohn 2001

*Encarnação*, José L.; AUDIUS - Außendienstunterstützungssystem : Anforderungen, Konzepte und Lösungsvorschläge; Berlin 1990

*Engelhardt,* Werner H./*Günter,* Bernd; Investitionsgütermarketing; 1. Auflage; Stuttgart 1981

*Esch,* Franz-Rudolph; Moderne Markenführung – Grundlagen, Innovative Ansätze, praktische Umsetzungen; 3. Auflage; Wiesbaden 2001

*Esch,* Franz-Rudolph/*Tomczak,* Torsten/*Kernstock,* Joachim/*Langner,* Tobias; Corporate Brand Management – Marken als Anker strategischer Führung von Unternehmen; 1. Auflage; Wiesbaden 2004

*Garbracht,* Kerstin/*Feurer,* Manfred/*Schruff,* Edmund; Stahl Lexikon – Eine Materialkunde für den Stahlhandel, die Produktion und die Stahlverarbeitung; 25. überarbeitete Auflage; Düsseldorf 1996

*Gersbacher,* Ursula; Körpersprache im Beruf: Außendienst und Verkauf; München 1991

*Ginter,* Thomas/*Dambacher,* Jörg; Markenpolitik im B2B-Sektor, in: *Baaken,* Prof. Dr. Thomas; Business-to-Business-Kommunikation: neue Entwicklungen im B2B-Marketing; Berlin 2002

*Godefroid,* Peter; Business-to-Business-Marketing; 2. Auflage; Ludwigshafen 1995

*Goldmann,* Heinz M.; Wie man Kunden gewinnt; 14. Auflage; Berlin 2005

*Greenberg,* Jerald; Organizational behavior: the state of the science; 2. Auflage; Mahwah, NJ 2003

*Hamel,* Gary/*Prahalad,* Coimbatore Krishnarao; The Core Competence of the Corporation. In: Harvard Business Review, Vol. 68 No. 3, S. 79-91; 1990

*Hamel,* Gary/*Prahalad,* Coimbatore Krishnarao; Wettlauf um die Zukunft; Wien 1995

*Häußermann*, Hartmut/*Siebel*, Walter; Dienstleistungsgesellschaft; 3. Auflage; Frankfurt am Main 1995

*Häusel*, Hans Georg; Brain Script – Warum Kunden kaufen; München 2004

*Hilke*, Wolfgang (Hrsg.); Dienstleistungs-Marketing; Schriften zur Unternehmensführung; Band 35; Wiesbaden 1989

*Hilke*, Wolfgang; Grundprobleme und Entwicklungstendenzen des Dienstleistungs-Marketing, in: *Hilke*, Wolfgang (Hrsg.); Dienstleistungs-Marketing; Schriften zur Unternehmensführung; Band 35; Wiesbaden 1989; S. 5-44

*Hofbauer,* Günter/*Hellwig,* Claudia; Professionelles Vertriebsmanagement. Der prozessorientierte Ansatz aus Anbieter- und Beschaffersicht; Erlangen 2005

*Homburg*, Christian/*Krohmer*, Harley; Marketingmanagement. Strategie – Instrumente – Umsetzung – Unternehmensführung; 1. Auflage; Wiesbaden 2003

*Homp,* Christian; Entwicklung und Aufbau von Kernkompetenzen; Wiesbaden 2000

*Honig,* Gerhard; Handwerksordnung (HwO); 3. Auflage; München 2004

*Humme,* Udo; Die Bestimmung von Kriterien zur Auswahl von Aussendienstmitarbeitern : e. empir. Unters. am Beispiel d. Pharmaberaters; Bochum 1987

*Irrgang,* Wolfgang; Strategien des vertikalen Marketing; Wiesbaden 1989

*Kinkel,* Steffen; Erfolgsfaktor Standortplanung; Berlin Heidelberg 2004

*Kleikamp,* Christian; Performance Contracting auf Industriegütermärkten: Eine Analyse der Eintrittsentscheidungen und des Vermarktungsprozesses. Marketing, Bd. 23; 1. Auflage; Lohmar-Köln 2002

*Kleinaltenkamp*, Michael; Dienstleistungsmarketing: Konzeptionen und Anwendungen; Wiesbaden 1995

*Kleinaltenkamp*, Michael/*Plinke,* Wulff; Technischer Vertrieb - Grundlagen; Berlin 1995

*Kleinaltenkamp,* Michael/*Plinke,* Wulff; Strategisches Business-to-Business-Marketing, 2. Auflage, Berlin 2002

*Kohlhase;* Fritz; Handbuch für die Drahtindustrie Teil 1 – Die Fertigung von Eisen, unlegiertem und legiertem Stahl sowie NE-Metallen in Draht- und Stabform; 2. Auflage; Dortmund 1968

*Kohlhase;* Fritz; Handbuch für die Drahtindustrie Teil 2 – Die Weiterverarbeitung zu Erzeugnissen, Form- und Zubehörteilen für alle Industriezweige; 2. Auflage; Dortmund 1968

*Kotler,* Philip; Le Marketing selon Kotler; Paris 1999

*Kotler,* Philip/*Bliemel,* Friedhelm; Marketing-Management; 10. Auflage; Stuttgart 2006

*Kotler,* Philip/*Dubois,* Bernard; Marketing Management; 10. Auflage; Paris 2000

*Kotler,* Philip/*Pförtsch,* Waldemar; B2B Brand Management; 1. Auflage; Berlin 2006

*Krämer,* Christian; Marketingstrategien für Produktionsgüter; Wiesbaden 1993

*Kroeber-Riel,* Werner; Konsumentenverhalten; 3. Auflage; München 1984

*Krüger,* Wilfried/*Homp,* Christian; Kernkompetenz-Management; Wiesbaden 1997

*Laakmann,* Kai; Value added services als Profilierungsinstrument im Wettbewerb; Frankfurt am Main 1995

*Langner,* Heike; Segmentierungsstrategien für den europäischen Markt; Wiesbaden 1991

*Larenz,* Karl; Bürgerliches Gesetzbuch (BGB); dtv-Taschenbücher Beck Texte; 75. Auflage; München 2006

*Malaval,* Philippe; Marketing business to business; Paris 1996

*Malaval,* Philippe; L'Essentiel du marketing business to business; Paris 1999

*Mayer,* Rainer; Strategien erfolgreicher Produktgestaltung, Individualisierung und Standardisierung; Wiesbaden 1993

*Meffer,* Heribert; Marketing: Grundlagen der Absatzpolitik; 7. Auflage; Wiesbaden 1986

*Meffert*, Heribert; Marketing – Grundlagen marktorientierter Unternehmensführung; 9. Auflage; Wiesbaden 2000

*Meffert*, Heribert/*Bruhn,* Manfred; Dienstleistungsmarketing – Grundlagen, Konzepte, Methoden; 4. Auflage; Wiesbaden 2003

*Merx,* Oliver/*Bachem,* Christian; Multichannel-Marketing-Handbuch; Berlin Heidelberg 2004

*Meyer*, Anton; Dienstleistungs-Marketing; 6. Auflage; Augsburg 1994

*Meyer*, Anton; Dienstleistungs-Marketing; 8. Auflage; Augsburg 1998

*Müller,* Stefan; Kundenzufriedenheit und Kundenbindung: Strategien und Instrumente von Finanzdienstleistern; München 1998

*Pepels,* Werner; Distributions- und Verkaufspolitik; Köln 1999

*Pepels,* Werner; technischer Vertrieb; 1. Auflage; Berlin 1998

*Pepels,* Werner; Handbuch Vertrieb; 1. Auflage; Wien 2002

*Peter,* Sibylle Isabelle; Kundenbindung als Marketingziel : Identifikation und Analyse zentraler Determinanten; 2. überarbeitete und aktualisierte Aufl.; Wiesbaden 2001

*Pförtsch,* Waldemar/*Schmid,* Michael; B2B-Markenmanagement; 1. Auflage; München 2005

*Rathnow,* Peter - J.; Integriertes Variantenmanagement; Göttingen 1993

*Reichwald,* Ralf; Vertriebsmanagement: Organisation, Technologieeinsatz, Personal; Stuttgart 2000

*Richter,* Hans-Peter; Investitionsgütermarketing - Business-to-Business-Marketing im Industrieunternehmen; München/Wien 2001

*Robinson,* Patrick J./*Faris,* Charles W./*Wind,* Yoram; Industrial Buying and Creative Marketing; Boston, Mass. 1967

*Rudolph,* Bettina; Kundenzufriedenheit im Industriegüterbereich; Wiesbaden 1998

*Rupper,* Peter; Unternehmenslogistik; 3. Auflage; Zürich 1991

*Sauer,* Achim; Veränderungsprozesse in der Distribution – Strategien für einen erfolgreichen Wandel der Absatzkanäle; Wiesbaden 2005

*Schütze,* Roland; Kundenzufriedenheit : After-sales-Marketing auf industriellen Märkten; 1. Aufl.; Wiesbaden 1994

*Specht,* Günter/*Fritz,* Wolfgang; Distributionsmanagement; 4. Auflage; Stuttgart 2005

*Theile,* Gregory; Internationale Interaktionsprozesse im Industriegütermarketing; Hamburg 2004

*Tomczak,* Torsten/*Belz,* Christian/*Schögel,* Marcus/*Birkhofer,* Ben; Alternative Vertriebswege; St. Gallen 1999

*Tscheulin,* Dieter K./*Helmig,* Bernd; Branchenspezifisches Marketing – Grundlagen – Besonderheiten – Gemeinsamkeiten; 1. Auflage; Wiesbaden 2001

*Vater,* Max/*Nebe,* Gerhard/*Schütza,* Ansgar; Beitrag zur mechanischen Entzunderung von Draht; Köln 1965

*Verein Deutscher Eisenhüttenleute*; Herstellung von Stahldraht Teil 1; Düsseldorf 1969

*Verein Deutscher Eisenhüttenleute*; Herstellung von Stahldraht Teil 2; Düsseldorf 1969

*Vergossen,* Harald; Marketing-Kommunikation; Ludwigshafen 2004

*Webster,* Frederick E. J./Wind, Yoram; Organizational Buying Behavior; Englewood Cliffs/N.Y. 1972

*Weis,* Hans Christian; Marketing; 13. Auflage; Ludwigshafen 2004

*Weis,* Hans Christian; Verkaufsmanagement; 13. Auflage; Ludwigshafen 2005

*Winkelmann,* Peter; Vertriebskonzeption und Vertriebssteuerung – Die operativen Elemente des Marketing; München 2000

*Winkelmann,* Peter; Marketing und Vertrieb; 1. Auflage; München 2006

*Wolter,* Friedrich-Holger; Steuerung und Kontrolle des Außendienstes; Gernsbach 1978

*Zerres*, Christopher/*Zerres*, Michael P.; Handbuch Marketing-Controlling; 3. Auflage; Berlin 2006

*Zerres*, Christopher/*Zerres*, Michael P.; Handbuch Marketing-Controlling; 3. Auflage; Berlin 2006

## 5. Internetquellen


http://www.best-gmbh.net (22.03.06)

http://www.stala.bwl.de (26.03.2006)

http://www.ifo.de (26.03.2006)

http://www.ihk.de (26.03.2006)

http://www.destatis.de (26.03.2006)

http://www.dihk.de (26.03.2006)

http://www.ahk.de (26.03.2006)

http://www.wiwi.uni-bremen.de/seari/beitrag3girscher.htm (27.03.2006)

http://www.bfai.de/ext/anlagen/PubAnlage_1298.pdf (12.03.06)

http://de.wikipedia.org/wiki/Draht (28.06.2006)

http://de.wikipedia.org/wiki/Nagel (28.06.2006)

http://de.wikipedia.org/wiki/Investitions%C3%BCtermarketing (14.06.2006)

http://de.wikipedia.org/wiki/Buying_Center (14.06.2006)

http://de.wikipedia.org/wiki/Konsumg%C3%BCtermarketing (22.06.2006)

http://de.wikipedia.org/wiki/Konsumgut (22.06.2006)

http://www.minefi.gouv.fr/DGCCRF/boccrf/01_09/a0090008.htm (25.04.06)

http://www.oseo.fr/content/download/23403/495691/file/agenpresBilanMe…onderie2004.pdf (11.06.06)

http://portal.wko.at/wk/pub_detail_file.wk?AngID=1&DocID=102334 (11.06.06)

http://portal.wko.at/wk/pub_detail_file.wk?AngID=1&DocID=444470 (11.06.06)

http://portal.wko.at/wk/pub_detail_file.wk?AngID=1&DocID=440177 (11.06.06)

http://sec.edgar-online.com/2004/03/10/0000947871-04-000715/Section6.asp (12.07.06)

http://www.trefileurope.com (12.07.06)

http://www.conflandey.fr (13.07.06)

http://www.sntn.fr (19.07.06)

http://www.saarstahl.com/deutsch/news/index.html (13.07.06)

http://susi.e-technik.uni-ulm.de:8080/Meyers2/seite/werk/meyers/band/6/seite/0525/meyers_b6_s0525.html (14.07.06)

http://www.paysagistes.enligne-fr.com (17.07.06)

http://www.observateur-cetelem.com/observateur/2006/pdf/ctlmobs_marches_06.pdf (17.07.06)

http://www.diw.de/deutsch/produkte/publikationen/wochenberichte/docs/01-40-1.html (17.07.06)

http://www.dirickx.fr (17.07.06)

http://www.betafence.com/site/consumer/techinfo/index.asp (18.07.06)

http://www.schertz.fr (19.07.06)

http://www.lambert-manufil.com (19.07.06)

http://www.lippi.fr (20.07.06)

http://www.ikb.de/content/de/branchen_und_maerkte/downloadcenter/Themenauswahl/Analysen/Branchen/04_2006_Stahl_und_Metallverarbeitung.pdf (25.07.06)

http://www.hamburger-illustrierte.de/content/htm/tic/2003/12/23/dgb231203.pdf (25.07.06)

http://www.uni-protokolle.de/nachrichten/text/7527/ (26.07.06)

http://www.oseo.fr/content/download/55112/676571/file/g2005-4.pdf (26.07.06)

http://www.unibal.org/upload/Le%20Marché%20du%20Bricolage%20en%20France%20en%202003%20040511.pdf (27.07.06)

http://tracenews.info/tracenews/imprimer.php3?id_article=21031 (27.07.06)

http://www.upa.fr (28.07.06)

http://www.bfai.de/ext/Einzelsicht-Export/DE/Content/__SharedDocs/Links-Einzeldokumente-Datenbanken/fachdokument,templateId=renderPrint/MKT20050518095959.pdf (28.07.06)

http://www.mefi.gouv.fr (28.07.06)

http://www.sessi.fr (28.07.06)

http://www.insee.fr (28.07.06)

http://epp.eurostat.ec.europa.eu (28.07.06)

http://portal.wko.at/wk/pub_detail_file.wk?AngID=1&DocID=102338 (28.07.06)

http://www.ispat.com/dynamic/dynamicdefault.asp?langId=&sec=matrix&menu_key=&write prod=1&prod=70&comp=11 (30.07.06)

http://www.cavatorta.it (19.07.06)

http://www.bfai.de/ext/anlagen/PubAnlage_1767.pdf (31.07.06)

http://www.uponor.de (29.08.06)

http://www.dresden.ihk.de/servlet/link_file?link_id=6354&ref_knoten_id=2902&ref_detail=portal&ref_sprache=deu (24.10.06)

http://www.dikmu.de/Kolumne.htm (24.10.06)

http://www.tu-dresden.de/wwbwllog/Download/Fallstudienseminar/Variantenmanagement.pdf (24.10.06)

# 6. Anhang

Anhang 1: Prospekt Marke *Medra*

Anhang 2: Prospekt Marke *Neckardraht*; Draht

Anhang 3: Umsatzzahlen 01.01.04 – 30.04.06; Drähte; Marke *Neckardraht*

Anhang 4: Prospekt Marke *Neckardraht*; Drahtgeflechte

Anhang 5: Umsatzzahlen 01.01.04 – 30.04.06; Drahtgeflechte; Marke *Neckardraht*

Anhang 6: Prospekt Marke *Neckardraht*; Drahtstifte

Anhang 7: Umsatzzahlen 01.01.04 – 30.04.06; Drahtstifte; Marke *Neckardraht*

Anhang 8: Prospekt Marke *Neckardraht*; Estrichgitter

Anhang 9: Umsatzzahlen 01.01.04 – 30.04.06; Estrichgitter; Marke *Neckardraht*

Anhang 10: Prospekt Marke *Neckardraht*; Heizungsbaugitter

Anhang 11: Umsatzzahlen 01.01.04 – 30.04.06; Heizungsbaugitter; Marke *Neckardraht*

Anhang 12: Materialspezifikationen am Beispiel Federnwerke Marienberg GmbH

Anhang 13: Konsum pro Département und Region 2005

Anhang 14: Zeit- und Kostenanalyse für den Außendienst

Anhang 15: Kundenkontaktkosten

## Anhang 1: Prospekt Marke *Medra*

# Kaltgezogene Eisen- und Stahldrähte

**Produkte:**
Eisendraht
Fabrikationsdraht

**Stahlgüten:**
Alle Stahlgüten gemäß aller gültigen DIN EN Normen.

**Abmessungsbereich:**
2,0 mm bis 16,0 mm

**Profile:**
Sonderprofile, Drei- Vier- und Sechskantprofile

**Oberflächen:**
Blank, nassblank, hellblank, weißblank, trockenblank, seifenblank, schmierblank, walzblank, verzinnt, verkupfert

**Ausführung:**
+U+C (K)
+A+C (G+K)

**Lieferform:**
Kernlos gespulte Coils (auch verpackt mit Trockenmittel)
Kronenstöcke
Fabrikationsringe
Stäbe

Für Rückfragen und Angebote stehen wir Ihnen gerne jederzeit zur Verfügung - sprechen Sie uns an.

**best gmbh marketing services**
Friedrichstraße 16
69412 Eberbach
Deutschland
Tel.: +49 (0)6271 / 82-320
Fax: +49 (0)6271 / 82-324
gerd.nohe@best-gmbh.net
www.best-gmbh.net

**Anhang 2: Prospekt Marke *Neckardraht*; Draht**

Neckardraht

Stand: März 2006

# Stahldrähte

**Qualitätsdrähte aus dem Hause Neckardraht.**
**Leistungsstark und zuverlässig**

Für Rückfragen und Angebote stehen wir Ihnen gerne jederzeit zur Verfügung - sprechen Sie uns an.

**best gmbh marketing services**
Friedrichstraße 16
69412 Eberbach
Deutschland
Tel.: +49 (0) 6271 / 82-241
Fax: +49 (0) 6271 / 82-208
lothar.schmitt@best-gmbh.net
www.best-gmbh.net

Stand: März 2006

# Stahldrähte

## Stahldraht
### Handelsüblich verzinkt

| Ø mm | Gewicht kg/1000m ca. | Fabrikationsringe ca. kg | abgeteilte Ringe kg |
|---|---|---|---|
| 1,0 | 6,2 | 25-30 | 1,0 u. 2,5 |
| 1,2 | 8,9 | 25-30 | 2,5 |
| 1,4 | 12,1 | 25-30 | 2,5 |
| 1,6 | 15,8 | 40-50 | 2,5 |
| 1,8 | 20,0 | 60-70 | 5,0 |
| 2,0 | 25,0 | 60-70 | 5,0 |
| 2,2 | 30,0 | 60-70 | 5,0 |
| 2,5 | 39,0 | 60-70 | 5,0 |
| 2,8 | 49,0 | 60-70 | 5,0 |
| 3,1 | 60,0 | 60-70 | 5,0 |
| 3,4 | 72,0 | 60-70 | |
| 3,8 | 89,0 | 60-70 | |
| 4,0 | 99,0 | 60-70 | |
| 4,2 | 109,0 | 60-70 | |
| 5,0 | 154,0 | 60-70 | |

Stangendraht auf Anfrage

## Stahldraht
### Dickverzinkt

| Ø mm | Gewicht kg/1000m ca. | Fabrikationsringe ca. kg | abgeteilte Ringe kg |
|---|---|---|---|
| 1,2 | 8,9 | 25-30 | |
| 1,8 | 20,0 | 60-70 | |
| 2,0 | 25,0 | 60-70 | |
| 2,2 | 30,0 | 60-70 | |
| 2,5 | 39,0 | 60-70 | |
| 2,8 | 49,0 | 60-70 | 5,0 |
| 3,1 | 60,0 | 60-70 | 5,0 |
| 3,4 | 72,0 | 60-70 | |
| 3,8 | 89,0 | 60-70 | |

Stangendraht auf Anfrage

## Stahldraht
### Weichgeglüht

| Ø mm | Gewicht kg/1000m ca. | Fabrikationsringe ca. kg | abgeteilte Ringe kg | Bunde ca. kg |
|---|---|---|---|---|
| 0,9 | 5,0 | 25-30 | | |
| 1,0 | 6,2 | 25-30 | | |
| 1,2 | 8,9 | 25-30 | | |
| 1,4 | 12,1 | 25-30 | 2,5 u. 5,0 | |
| 1,6 | 15,8 | 40-50 | | |
| 1,8 | 20,0 | 60-70 | | |
| 2,0 | 25,0 | 60-70 | 5,0 | |
| 2,2 | 30,0 | 60-70 | | |
| 2,5 | 39,0 | 60-70 | 5,0 | |
| 2,8 | 49,0 | 60-70 | 5,0 | |
| 3,1 | 60,0 | 60-70 | 5,0 | 600 |
| 3,4 | 72,0 | 60-70 | | 600 |
| 3,8 | 89,0 | 60-70 | | |
| 4,0 | 99,0 | 60-70 | | |
| 4,2 | 109,0 | 60-70 | | |
| 5,0 | 154,0 | 60-70 | | |
| 6,0 | 222,0 | 60-70 | | |

Stangendraht auf Anfrage

## Stacheldraht
### 2-drähtig, 4-spitzig, eng besetzt

| Ø mm | Gewicht kg/ ca. | Dick verzinkt | Litzendraht verzinkt |
|---|---|---|---|
| 2,5 | 25,0 | • | |
| 2,5 | 25,0 | | • |

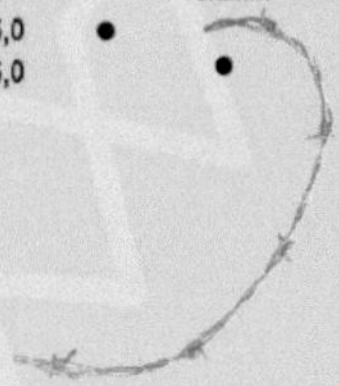

## Drahtspanner
### Verzinkt

| Größe | 1 | 2 | 3 |
|---|---|---|---|
| Länge | 85 mm | 95 mm | 115 mm |

## Drahtspanner
### Grün

| Größe | 2 |
|---|---|
| Länge | 95 mm |

## PE-Draht
### PE-ummantelt, grün
### Kerndraht verzinkt

| Ø Außen mm | Gespulte Bunde ca. kg | Fabrikationsringe ca. kg | abgeteilte Ringe lfm. |
|---|---|---|---|
| 2,0 | | 30-40 | 50/100 |
| 2,8 | 500 | 60-70 | |
| 3,1 | 500 | 60-70 | 55/80/110 |
| 3,4 | 500 | 60-70 | 55/80/110 |
| 3,8 | 500 | 60-70 | 25/55/80/110/220 |
| 4,2 | | 60-70 | |
| 5,0 | | 60-70 | |
| 6,0 | | 60-70 | |

In Einklang mit Natur und Technik

Neckardraht mit umwelt-freundlicher PE-Beschichtung

Neckardraht

Stand: März 2006

# Stahldrähte

## Multidraht
**Auf Karten mit Euroloch**

| Oberfläche | Stärke mm | Länge m | Karton-inhalt |
|---|---|---|---|
| verzinkt | 0,8 | 10 | 20 Ringe |
| verzinkt | 1,0 | 10 | 20 Ringe |
| verzinkt | 1,2 | 10 | 20 Ringe |
| PE-ummantelt grün | 1,4 | 10 | 20 Ringe |

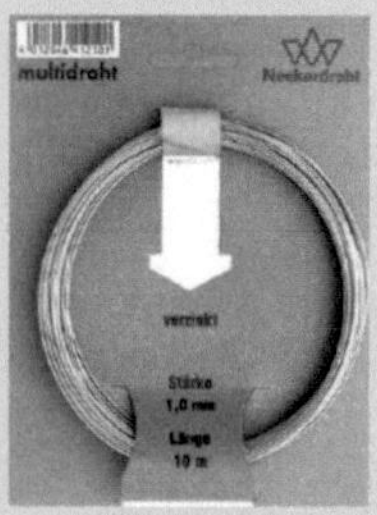


## Multidraht
**Mit Aufhängelasche und Euroloch**

| Oberfläche | Stärke mm | Länge m | Karton-inhalt |
|---|---|---|---|
| verzinkt | 1,0 | 25 | 10 Ringe |
| verzinkt | 1,2 | 25 | 10 Ringe |
| verzinkt | 1,4 | 25 | 10 Ringe |
| verzinkt | 1,6 | 25 | 10 Ringe |
| verzinkt | 1,8 | 25 | 10 Ringe |
| verzinkt | 2,0 | 25 | 5 Ringe |
| verzinkt | 2,5 | 25 | 5 Ringe |
| PE-ummantelt grün | 1,4 | 25 | 10 Ringe |
| PE-ummantelt grün | 2,0 | 25 | 10 Ringe |

## Lieferarten

Bunde

Fabrikationsringe

Abgeteilte Ringe

Stangendraht in Bunden

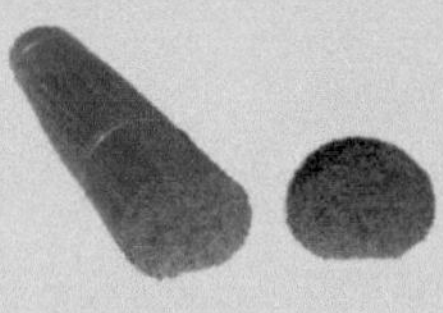

best gmbh marketing services - 69412 Eberbach - Friedrichstr. 16 - Tel.: + 49 (0) 6271 / 82-241 - Fax: + 49 (0) 6271 / 82-208

## Anhang 3: Umsatzzahlen 01.01.04 – 30.04.06; Drähte; Marke *Neckardraht*

| ARTNAME | LE | Gewicht kg | Absatz LE | Absatzanteile | Wert EUR | EUR/kg | EUR/LE |
|---|---|---|---|---|---|---|---|
| Summe Draht abget-Ri, blank | | 1.050,00 | 210,00 | 0,00% | 816,50 | 0,78 | 3,89 |
| Summe Draht abget-Ri, dickverzinkt | | 24.487,10 | 4.158,00 | 0,06% | 27.114,29 | 1,11 | 6,52 |
| Summe Draht abget-Ri, geglüht | | 443.867,50 | 151.629,00 | 2,28% | 374.101,11 | 0,84 | 2,47 |
| Summe Draht abget-Ri, PE, elfenbein | | 5.261,02 | 3.981,00 | 0,06% | 9.139,60 | 1,74 | 2,30 |
| Summe Draht abget-Ri, PE, gelb/oliv | | 931,25 | 79,00 | 0,00% | 1.359,88 | 1,46 | 17,21 |
| Summe Draht abget-Ri, PE, grau | | 16.300,40 | 3.277,53 | 0,05% | 17.526,32 | 1,08 | 5,35 |
| Summe Draht abget-Ri, PE, grün | | 872.907,40 | 408.449,00 | 6,13% | 1.043.025,72 | 1,19 | 2,55 |
| Summe Draht abget-Ri, PE, jadegrün | | 3.839,65 | 1.217,00 | 0,02% | 4.719,88 | 1,23 | 3,88 |
| Summe Draht abget-Ri, PE, schwarz | | 33.514,00 | 2.694,00 | 0,04% | 36.657,17 | 1,09 | 13,61 |
| Summe Draht abget-Ri, PE, waldgrün | | 1.685,00 | 210,00 | 0,00% | 2.278,18 | 1,35 | 10,85 |
| Summe Draht abget-Ri, verzinkt | | 124.838,00 | 39.283,00 | 0,59% | 118.813,99 | 0,95 | 3,02 |
| Summe Draht auf Gestell,blank | | 143.376,00 | 143.376,00 | 2,15% | 64.872,51 | 0,45 | 0,45 |
| Summe Draht Bd.,blank | | 29.176,00 | 29.176,00 | 0,44% | 17.675,66 | 0,61 | 0,61 |
| Summe Draht Bd.,dickverzinkt | | 21.711,00 | 21.711,00 | 0,33% | 16.810,59 | 0,77 | 0,77 |
| Summe Draht Bd.,geglüht | | 3.275.590,00 | 3.275.590,00 | 49,18% | 1.771.682,14 | 0,54 | 0,54 |
| Summe Draht Bd.,verzinkt | | 282.986,00 | 282.986,00 | 4,25% | 228.135,02 | 0,81 | 0,81 |
| Summe Draht Bd.,PE,grau | | 114.561,00 | 114.561,00 | 1,72% | 98.397,10 | 0,86 | 0,86 |
| Summe Draht Bd.,PE,grün | | 1.402.797,00 | 1.402.797,00 | 21,06% | 1.236.760,18 | 0,88 | 0,88 |
| Summe Draht in St., verzinkt | | 18.866,00 | 18.866,00 | 0,28% | 19.135,22 | 1,01 | 1,01 |
| Summe Draht in St., blank | | 124.551,00 | 124.551,00 | 1,87% | 85.499,55 | 0,69 | 0,69 |
| Summe Draht in St., geglüht | | 6.308,00 | 6.308,00 | 0,09% | 6.271,34 | 0,99 | 0,99 |
| Summe Draht in St., gegl. gew. | | 156.422,00 | 156.422,00 | 2,35% | 161.970,06 | 1,04 | 1,04 |
| Summe Draht I. A., dickverzinkt | | 21.757,00 | 21.757,00 | 0,33% | 20.648,49 | 0,95 | 0,95 |
| Summe Draht I. A., geglüht | | 281.097,00 | 281.097,00 | 4,22% | 224.763,94 | 0,80 | 0,80 |
| Summe Draht I. A., PE, gelb | | 17,00 | 17,00 | 0,00% | 18,18 | 1,07 | 1,07 |
| Summe Draht I. A., PE, grau | | 17.545,00 | 17.545,00 | 0,26% | 17.363,39 | 0,99 | 0,99 |
| Summe Draht I. A., PE, grün | | 99.072,50 | 99.072,50 | 1,49% | 104.189,03 | 1,05 | 1,05 |
| Sinterfil Draht I. A., PE, grün | | 670,00 | 670,00 | 0,01% | 821,08 | 1,23 | 1,23 |
| Draht I. A., verzinkt | | 27.764,00 | 27.764,00 | 0,42% | 23.670,38 | 0,85 | 0,85 |
| Draht I. A., blank | | 15.630,00 | 15.630,00 | 0,23% | 9.549,69 | 0,61 | 0,61 |
| Litzendraht, verzinkt | | 6.000,00 | 240,00 | 0,00% | 6.684,18 | 1,11 | 27,85 |
| SB-Multidr., verzinkt | | 15.289,69 | 2.998,03 | 0,05% | 39.949,74 | 2,61 | 13,33 |
| SB-Multidr., PE, grün | | 5.404,64 | 1.432,00 | 0,02% | 21.939,04 | 4,06 | 15,32 |
| Stacheldraht, dickverz. | | 4.925,00 | 197,00 | 0,00% | 5.868,59 | 1,19 | 29,79 |
| Summe Draht Absatz | | 7.600.197,15 | 6.659.951,06 | 100,00% | 5.818.227,74 | 0,77 | 0,87 |

(Quelle: interne Dokumente)

**Anhang 4: Prospekt Marke *Neckardraht*; Drahtgeflechte**

Neckardraht

Stand: März 2006

# Drahtgeflechte

## Sicher, dauerhaft und umweltfreundlich
## Qualitätsdrahtgeflechte aus dem Hause Neckardraht.
## Leistungsstark und zuverlässig

Für Rückfragen und Angebote stehen wir Ihnen gerne jederzeit zur Verfügung - sprechen Sie uns an.

**best gmbh marketing services**
Friedrichstraße 16
69412 Eberbach
Deutschland
Tel.: +49 (0) 6271 / 82-241
Fax: +49 (0) 6271 / 82-208
lothar.schmitt@best-gmbh.net
www.best-gmbh.net

Neckardraht

Stand: März 2006

# Drahtgeflechte

## PE-ummanteltes Drahtgeflecht

**mit viereckigen Maschen, nach DIN 1199**
**Kerndraht verzinkt**
**Farbe: grün, RAL 6005**

**Lieferart:** in Rollen von 25 m Länge, enge Wicklung bzw. BK- Wicklung auf Tauschpaletten

**Verpackung:** Die Rollenenden sind durch Kunststofftüten geschützt

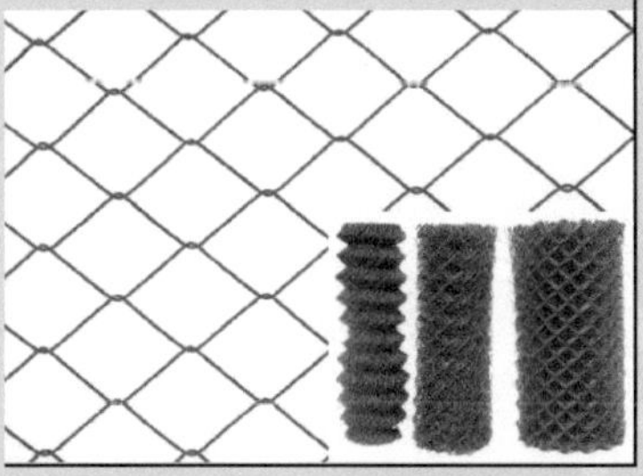

Lagerabmessungen

| Maschenweite [mm] | ∅ [mm] | Rollenbreite [mm] | | | | | | | | |
|---|---|---|---|---|---|---|---|---|---|---|
| | | 500 | 600 | 800 | 1000 | 1200 | 1250 | 1500 | 1750 | 2000 |
| 40 | 2,8 | ● | ● | ● | ● | | ● | ● | ● | ● |
| 50 | 2,8 | ● | ● | ● | ● | ● | ● | ● | ● | ● |
| 50 | 3,1 | | | ● | ● | ● | ● | ● | ● | ● |
| 60 | 2,8 | ● | ● | ● | ● | ● | ● | ● | ● | ● |

Sonderabmessungen
(Lieferung von Mindestmengen auf Anfrage).

Andere Farben auf Anfrage

## Dickverzinktes Drahtgeflecht

**mit viereckigen Maschen, nach DIN 1199**

**Lieferart:** in Rollen von 25 m Länge

Lagerabmessungen

| Maschenweite [mm] | ∅ [mm] | Rollenbreite [mm] | | | | | | |
|---|---|---|---|---|---|---|---|---|
| | | 800 | 1000 | 1200 | 1250 | 1500 | 1750 | 2000 |
| 50 | 2,0 | ● | ● | ● | ● | ● | | ● |
| 50 | 2,2 | ● | ● | ● | ● | ● | | ● |
| 50 | 2,5 | ● | ● | ● | ● | ● | ● | ● |
| 60 | 2,2 | | ● | ● | ● | ● | | ● |

Sonderabmessungen
(Lieferung von Mindestmengen auf Anfrage).

Lieferung auch in handelsüblich verzinkt, bei Abnahme von Mindestmengen auf Anfrage.

**best gmbh marketing services** - 69412 Eberbach - Friedrichstr. 16 - Tel.: + 49 (0) 6271 / 82-241 - Fax: + 49 (0) 6271 / 82-208

Neckardraht

Stand: März 2006

# Drahtgeflechte

## Ziergitter

**Lieferart: in Rollen von 25 m und 10 m Länge**

## Ziergitter-Montage

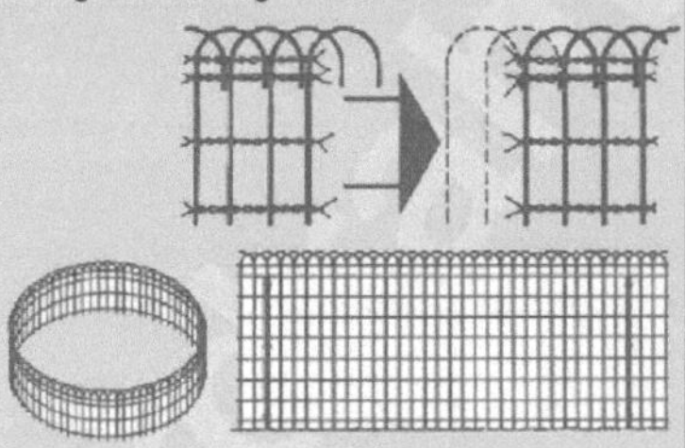

Das Zusammenfügen zweier Rollenenden ist durch die obige Abbildung erklärt.

Die Ziergitterbefestigung ist nicht aufwändig, da Ziergitter eine hohe Eigenstabilität besitzt.

Bei ausgedehnten Anlagen wird empfohlen, entlang der Einfriedung in Abständen von mehreren Metern Stäbe in den Boden zu schlagen und das Ziergitter daran zu befestigen.

Lagerabmessungen

| Farbe | grün | | |
|---|---|---|---|
| Rollenhöhe [mm] | 400 | 650 | 900 |
| Rollenlänge | 25 m | 25 m | 25 m |
| | 10 m | 10 m | |

Lieferung: lose Rollen oder auf Tauschpaletten

Alle Neckardraht Drahtgeflechte mit umweltfreundlicher PE-Beschichtung

**best gmbh marketing services** - 69412 Eberbach - Friedrichstr. 16 - Tel.: + 49 (0) 6271 / 82-241 - Fax: + 49 (0 )6271 / 82-208

## Anhang 5: Umsatzzahlen 01.01.04 – 30.04.06; Drahtgeflechte; Marke *Neckardraht*

| | | | | | | |
|---|---|---|---|---|---|---|
| Summe 4-Eck-Geflecht dickverzinkt | 1.041.945,30 | 19.332,02 | 5,73% | 971.132,23 | 0,93 | 50,23 |
| Summe 4-Eck-Geflecht geglüht | 13.906,88 | 537,00 | 0,16% | 17.430,30 | 1,25 | 32,46 |
| Summe 4-Eck-Geflecht PE gelb | 16.307,71 | 383,00 | 0,11% | 23.739,52 | 1,46 | 61,98 |
| Summe 4-Eck-Geflecht PE grau | 136.941,66 | 3.077,00 | 0,91% | 171.652,30 | 1,25 | 55,79 |
| Summe 4-Eck-Geflecht PE grün | 5.605.831,18 | 241.538,05 | 71,54% | 6.668.101,42 | 1,19 | 27,61 |
| Summe 4-Eck-Geflecht PE jadegrün | 27.144,00 | 690,00 | 0,20% | 32.857,87 | 1,21 | 47,62 |
| Summe 4-Eck-Geflecht PE schwarz | 252.752,30 | 6.141,00 | 1,82% | 303.894,28 | 1,20 | 49,49 |
| Summe 4-Eck-Geflecht PE waldgrün | 177.089,90 | 4.097,00 | 1,21% | 215.511,59 | 1,22 | 52,60 |
| Summe 4-Eck-Geflecht verzinkt | 49.686,04 | 971,00 | 0,29% | 43.106,92 | 0,87 | 44,39 |
| Summe 4-Eck-Geflecht zink-alu | 23.424,23 | 235,00 | 0,07% | 6.733,11 | 0,29 | 28,65 |
| Summe 6-Eck-Geflecht | 3.223,40 | 265,00 | 0,08% | 11.386,72 | 3,53 | 42,97 |
| Summe Dekora | 476.645,30 | 60.345,00 | 17,87% | 663.177,41 | 1,39 | 10,99 |
| Summe Drahtgeflechte Absatz | 7.824.897,90 | 337.611,08 | 100% | 9.128.723,67 | 1,17 | 27,04 |

**(Quelle: interne Dokumente)**

**Anhang 6: Prospekt Marke *Neckardraht*; Drahtstifte**

Neckardraht

Stand: März 2006

# Drahtstifte

**Seit über 100 Jahren Drahtstifte aus dem Hause Neckardraht.**
**Der Komplettanbieter von Qualitätsstiften.**
**Leistungsstark und zuverlässig**

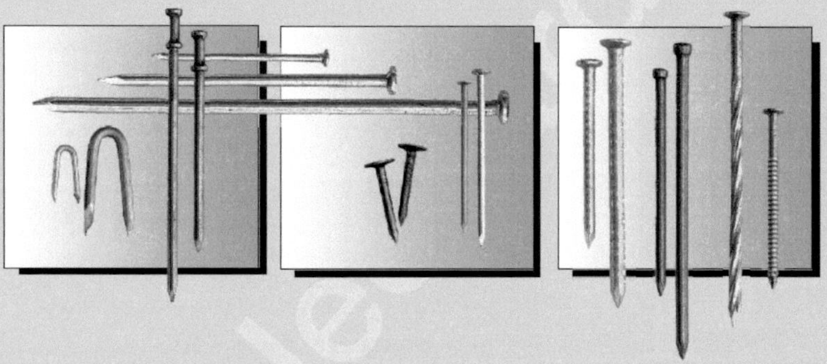

Für Rückfragen und Angebote stehen wir Ihnen gerne jederzeit zur Verfügung - sprechen Sie uns an.

**best gmbh marketing services**
Friedrichstraße 16
69412 Eberbach
Deutschland
Tel.: +49 (0) 6271 / 82-241
Fax: +49 (0) 6271 / 82-208
lothar.schmitt@best-gmbh.net
www.best-gmbh.net

Neckardraht

Stand: März 2006

# Drahtstifte

## Deckstifte
**feuerverzinkt rund**
gerauht

| Abmessung | Füllgewicht |
|---|---|
| 28/25 | 1 kg |
| 28/30 | 1 kg |

## Tapezierstifte
**rund, blank**
**(DIN 1157)**

| Abmessung | Füllgewicht |
|---|---|
| 16/16 | 1 kg |
| 20/20 | 1 kg |

## Glaserstifte
**rund, blank**

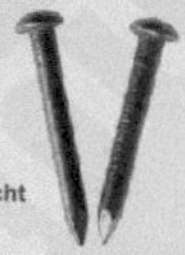

| Abmessung | Füllgewicht |
|---|---|
| 25/25 | 2,5 kg |

## Dachpappstifte
**rund, blank**
Form B (frühere DIN 1160)

| Abmessung | | Füllgewicht |
|---|---|---|
| 20/20 | ■ | 1 oder 2,5 kg |
| 22/30 | ■ | 2,5 kg |
| 22/35 | ■ | 2,5 kg |
| 25/20 | ■ | 2,5 kg |
| 25/25 | ■ | 1 oder 2,5 kg |
| 25/30 | ■ | 2,5 kg |
| 25/35 | ■ | 2,5 kg |
| 25/40 | ■ | 2,5 kg |
| 28/50 | ■ | 2,5 kg |

Kopf tief versenkt

## Rinnenträgerstifte
**rund, blank, gerauht**

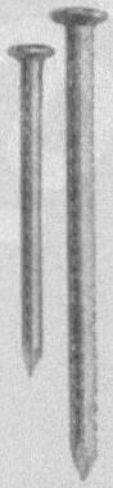

| Abmessung | | Füllgewicht |
|---|---|---|
| 42/65 | ■ | 5 kg |
| 42/80 | ■ | 5 kg |
| 42/90 | ■ | 5 kg |
| 46/80 | ■ | 5 kg |
| 55/60 | | 5 kg |
| 55/70 | | 5 kg |
| 55/80 | ■ | 5 kg |
| 55/90 | ■ | 5 kg |
| 55/100 | ■ | 5 kg |
| 60/100 | | 5 kg |
| 60/120 | ■ | 5 kg |

## Schraubstifte
**blank**

| Abmessung | Füllgewicht |
|---|---|
| 34/40/70 | 800-1000 kg |
| 34/40/85 | 800-1000 kg |
| 31/36/70 | 800-1000 kg |
| 31/36/90 | 800-1000 kg |
| 36/42/70 | 800-1000 kg |
| 36/42/75 | 800-1000 kg |
| 36/42/90 | 800-1000 kg |
| | (Großkarton) |

## Kammzwecken
**rund, gebläut**

| Abmessung | Füllgewicht |
|---|---|
| 14/10 | 1 kg |
| 14/13 | 1 kg |
| 16/16 | 1 kg |

## Gipsplattenstifte
**rund, feuerverzinkt**
(auch Rigipsstifte)

| Abmessung | | Füllgewicht |
|---|---|---|
| 22/32 | ■ | 2,5 kg |

mit Hohlkopf

■ in feuerverzinkter Ausführung lieferbar

Stand: März 2006

# Drahtstifte

## Konvexringstifte
**blank**

| Abmessung | Füllgewicht |
|---|---|
| 36/42/70 | 800 - 1000 kg |
| 36/42/90 | 800 - 1000 kg |
| | (Großkarton) |

## Beschlagstifte
**rund, blank, gerauht**

(frühere DIN 1161)

| Abmessung | Füllgewicht |
|---|---|
| 38/40 | 5 kg |
| 42/45 | 5 kg |
| 46/50 | 5 kg |
| 60/80 | 5 kg |

## Doppelkopfstifte
**rund, blank**

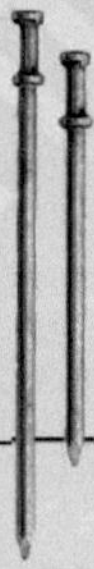

| Abmessung | Füllgewicht |
|---|---|
| 31/55/65 | 5 kg |
| 31/65/75 | 5 kg |
| 31/70/80 | 5 kg |
| 31/80/90 | 5 kg |

## multistift ®
**Drahtstiftart Senkkopf**

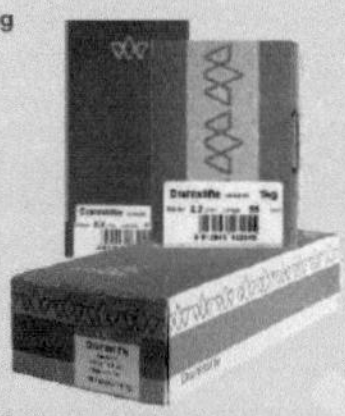

| Abmessung |
|---|
| 20/40 |
| 22/50 |
| 25/50 |
| 25/60 |
| 28/70 |
| 31/65 |
| 31/80 |
| 34/90 |
| 38/100 |
| 46/130 |
| 55/145 |
| 55/160 |

Pakete á 1kg im Umkarton 10 Pakete

## Leichtbauplattenstifte
**metallisiert**

(frühere DIN 1144)

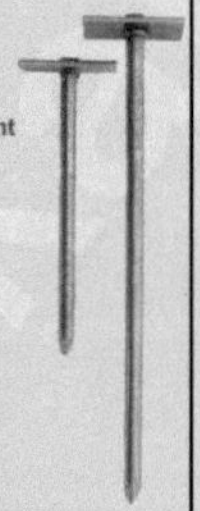

| Abmessung | Füllgewicht |
|---|---|
| 31/40 | 2,5 kg |
| 31/50 | 2,5 kg |
| 31/60 | 2,5 kg |
| 34/70 | 2,5 kg |
| 34/80 | 2,5 kg |
| 34/90 | 2,5 kg |
| 34/100 | 2,5 kg |

rund, aufgenietete viereckige Scheiben

## Hakenstifte
**blank (DIN 1158)**

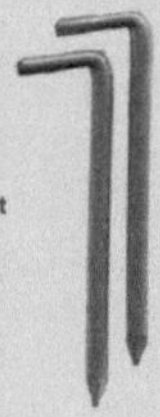

| Abmessung | Füllgewicht |
|---|---|
| 22/30 | 1,0 kg |
| 22/35 | 1,0 kg |
| 25/50 | 2,5 kg |
| 31/65 | 2,5 kg |

### Lieferart

**Die Drahtstifte sind in Paketen oder Kartons in den angegebenen Füllgewichten verpackt.**

**Der Versand erfolgt auf DB-Holzflachpaletten.**

**In der Liste nicht aufgeführte Sorten und Abmessungen können bei Abnahme von Mindestmengen auf Anfrage geliefert werden.**

■ in feuerverzinkter Ausführung lieferbar

**best gmbh marketing services** - 69412 Eberbach - Friedrichstr. 16 - Tel.: + 49 (0) 6271 / 82-241 - Fax: + 49 (0) 6271 / 82-208

## Anhang 7: Umsatzzahlen 01.01.04 – 30.04.06; Drahtstifte; Marke *Neckardraht*

| ARTNAME | LE | Gewicht kg | Absatz LE | Absatzanteile | Wert EUR | EUR/kg | EUR/LE |
|---|---|---|---|---|---|---|---|
| Summe Beschlagstifte bl/gr | | 1.640,00 | 1.640,00 | 0,04% | 1.821,64 | 1,11 | 1,11 |
| Summe Beschlagstifte vz/gr | | 145,00 | 145,00 | 0,00% | 274,34 | 1,89 | 1,89 |
| Summe Dachpappstifte bl | | 2.355,00 | 2.355,00 | 0,05% | 3.336,77 | 1,42 | 1,42 |
| Summe Dachpappstifte g/vz | | 13.800,00 | 13.800,00 | 0,30% | 21.279,35 | 1,54 | 1,54 |
| Summe Dachpappstifte vz | | 101.890,50 | 101.890,50 | 2,23% | 177.633,37 | 1,74 | 1,74 |
| Summe Deckstifte | | 1.950,00 | 1.950,00 | 0,04% | 4.160,68 | 2,13 | 2,13 |
| Summe Doppelkopfstifte bl | | 348.210,00 | 348.210,00 | 7,63% | 279.373,74 | 0,80 | 0,80 |
| Summe Doppelkopfstifte galv. verz. | | 1.045,00 | 1.045,00 | 0,02% | 1.389,85 | 1,33 | 1,33 |
| Summe Fitschbandstifte bl | | 642,00 | 642,00 | 0,01% | 995,10 | 1,55 | 1,55 |
| Summe Gipsplattenstifte vz | | 105,00 | 105,00 | 0,00% | 201,55 | 1,92 | 1,92 |
| Summe Glaserstifte bl | | 195,00 | 195,00 | 0,00% | 367,87 | 1,89 | 1,89 |
| Summe Hakenstifte bl | | 1.237,50 | 1.237,50 | 0,03% | 1.775,27 | 1,43 | 1,43 |
| Summe Hakenstifte vz | | 330,00 | 330,00 | 0,01% | 627,00 | 1,90 | 1,90 |
| Summe Justiernägel gvz | | 2.000,00 | 2.000,00 | 0,04% | 3.000,00 | 1,50 | 1,50 |
| Summe Kammzwecken gbl | | 515,00 | 515,00 | 0,01% | 1.247,25 | 2,42 | 2,42 |
| Summe Konvexringnägel bl | | 71.427,00 | 71.427,00 | 1,57% | 49.028,88 | 0,69 | 0,69 |
| Summe Leichtbauplattenstifte met | | 73.940,00 | 73.940,00 | 1,62% | 96.558,89 | 1,31 | 1,31 |
| Summe Leichtbauplattenstifte vz | | 2.232,50 | 2.232,50 | 0,05% | 4.541,78 | 2,03 | 2,03 |
| Summe Maschinenstifte bl | | 286.334,00 | 286.334,00 | 6,28% | 189.409,67 | 0,66 | 0,66 |
| Summe Maschinenstifte ex.Sp. | | 4.797,00 | 4.797,00 | 0,11% | 4.843,79 | 1,01 | 1,01 |
| Summe Maschinenstifte galv. verz. | | 15.844,00 | 15.844,00 | 0,35% | 16.808,00 | 1,06 | 1,06 |
| Summe Rinnenträgerstifte bl/gr | | 8.780,00 | 8.780,00 | 0,19% | 9.870,80 | 1,12 | 1,12 |
| Summe Rinnenträgerstifte vz/gr | | 19.810,00 | 19.810,00 | 0,43% | 31.613,45 | 1,60 | 1,60 |
| Summe SB-Justiern. Vz | | 1.970,74 | 1.162,00 | 0,03% | 4.710,00 | 2,39 | 4,05 |
| Summe SB-Schiefer-St vz | | 2.136,00 | 89,00 | 0,00% | 5.753,84 | 2,69 | 64,65 |
| Summe SB-Senkk.St bl | | 2.370,00 | 237,00 | 0,01% | 2.665,01 | 1,12 | 11,24 |
| Summe SB-Senkk.St g/vz/gr | | 139.547,30 | 30.845,00 | 0,68% | 312.448,14 | 2,24 | 10,13 |
| Summe SB-Senkk.St vz | | 400,00 | 40,00 | 0,00% | 660,00 | 1,65 | 16,50 |
| Summe SB-Stauch.St bl | | 960,00 | 96,00 | 0,00% | 1.080,19 | 1,13 | 11,25 |
| Summe Schieferstifte vz | | 48.167,44 | 48.167,44 | 1,06% | 68.722,70 | 1,43 | 1,43 |
| Summe Schlaufen ed | | 270,00 | 270,00 | 0,01% | 2.160,00 | 8,00 | 8,00 |
| Summe Schlaufen vz | | 209.129,50 | 209.129,50 | 4,58% | 215.587,76 | 1,03 | 1,03 |
| Summe Schraubstifte bl | | 38.635,00 | 38.635,00 | 0,85% | 19.656,86 | 0,51 | 0,51 |
| Summe Senkkopfstifte bl | | 2.623.755,50 | 2.623.755,50 | 57,51% | 1.942.537,46 | 0,74 | 0,74 |
| Summe Senkkopfstifte g/vz | | 9.505,00 | 9.505,00 | 0,21% | 9.079,33 | 0,96 | 0,96 |
| Summe Senkkopfstifte vz | | 599.605,00 | 599.605,00 | 13,14% | 742.632,41 | 1,24 | 1,24 |
| Summe Stauchkopfstifte bl | | 14.474,00 | 14.474,00 | 0,32% | 17.178,92 | 1,19 | 1,19 |
| Summe Stauchkopfstifte vz | | 25.132,50 | 25.132,50 | 0,55% | 34.442,45 | 1,37 | 1,37 |
| Summe Tapezierstifte bl | | 419,00 | 419,00 | 0,01% | 1.117,12 | 2,67 | 2,67 |
| Summe Wagnerstifte bl | | 670,00 | 670,00 | 0,01% | 1.140,04 | 1,70 | 1,70 |
| Summe Wagnerstifte vz | | 775,00 | 775,00 | 0,02% | 1.510,48 | 1,95 | 1,95 |
| Summe Drahtstifte Absatz | | 4.677.146,48 | 4.562.231,44 | 100% | 4.283.241,75 | 0,92 | 0,94 |

(Quelle: interne Dokumente)

## Anhang 8: Prospekt Marke *Neckardraht*; Estrichgitter

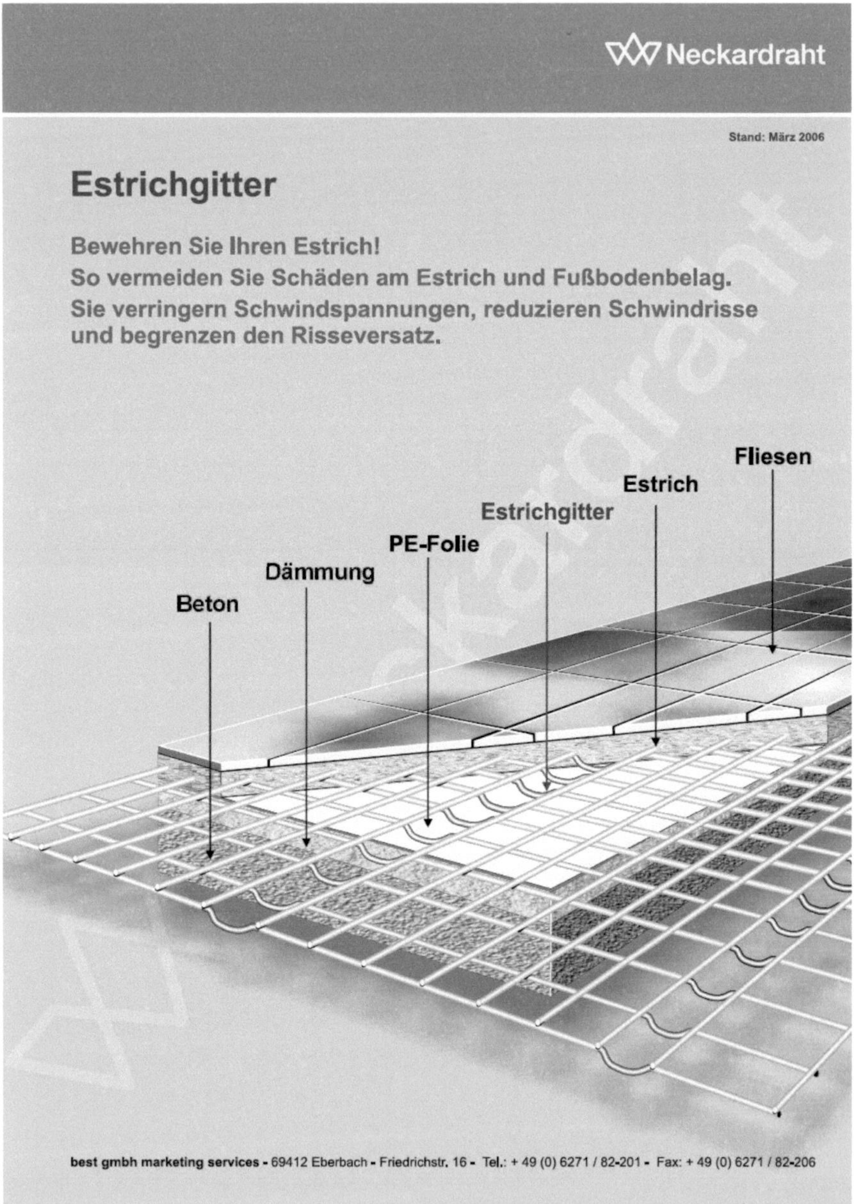

Neckardraht

Stand: März 2006

# Lieferprogramm Estrichgitter

## Estrichgitter mit und ohne Abstandhalter Typ 50

entsprechend den Anforderungen der DIN 18560 - Estriche am Bau

**400 Gitter pro Palette gebündelt a 20 Stück**

**Ausführung verzinkt** Artikelnummer 220400 mit Abstandhalterfuß

**Ausführung verzinkt** Artikelnummer 215400 ohne Abstandhalterfuß

**Ausführung blank** Artikelnummer 115400 mit Abstandhalterfuß

Gitteraufbau nach Zeichnung

| Haupt-Raster [mm] | Drahtstärke [mm] | Gittergröße [mm] | Stückgewicht [kg] | Stück / Palette | m² pro Palette |
|---|---|---|---|---|---|
| 50 x 50 | 2,00 | 2000 x 1000 | 1,650 | 400 | 800 |

## Estrichgitter ohne Abstandhalter Typ 50

**500 Gitter pro Palette gebündelt a 20 Stück**

**Ausführung verzinkt** Artikelnummer 213500

Gitteraufbau nach Zeichnung

| Haupt-Raster [mm] | Drahtstärke [mm] | Gittergröße [mm] | Stückgewicht [kg] | Stück / Palette | m² pro Palette |
|---|---|---|---|---|---|
| 50 x 50 | 1,80 | 2000 x 1000 | 1,380 | 500 | 1000 |

## Estrichgitter ohne Abstandhalter Typ 50

**600 Gitter pro Palette gebündelt a 20 Stück**

**Ausführung verzinkt** Artikelnummer 211600

Gitteraufbau nach Zeichnung

| Haupt-Raster [mm] | Drahtstärke [mm] | Gittergröße [mm] | Stückgewicht [kg] | Stück / Palette | m² pro Palette |
|---|---|---|---|---|---|
| 50 x 50 | 1,60 | 2000 x 1000 | 1,010 | 600 | 1200 |

## Estrichgitter ohne Abstandhalter Typ 75

**400 Gitter pro Palette gebündelt a 20 Stück**

**Ausführung blank** Artikelnummer 135400

Gitteraufbau nach Zeichnung

| Haupt-Raster [mm] | Drahtstärke [mm] | Gittergröße [mm] | Stückgewicht [kg] | Stück / Palette | m² pro Palette |
|---|---|---|---|---|---|
| 75 x 75 | 2,00 | 2000 x 1200 | 1,130 | 400 | 960 |

**best gmbh marketing services** - 69412 Eberbach - Friedrichstr. 16 - Tel.: + 49 (0) 6271 / 82-201 - Fax: + 49 (0) 6271 / 82-206

Neckardraht

Stand: März 2006

## Estrichgitter mit Abstandhalter Typ 50

entsprechend den Anforderungen der DIN 18560 - Estriche am Bau

**Drahtstärke:** 2,0 mm nach DIN 177
**Gittergröße:** 2000 x 1000 mm
**400 Gitter pro Palette gebündelt a 20 Stück**
**Ausführung verzinkt** Artikelnummer 220400
**Ausführung blank** Artikelnummer 115400

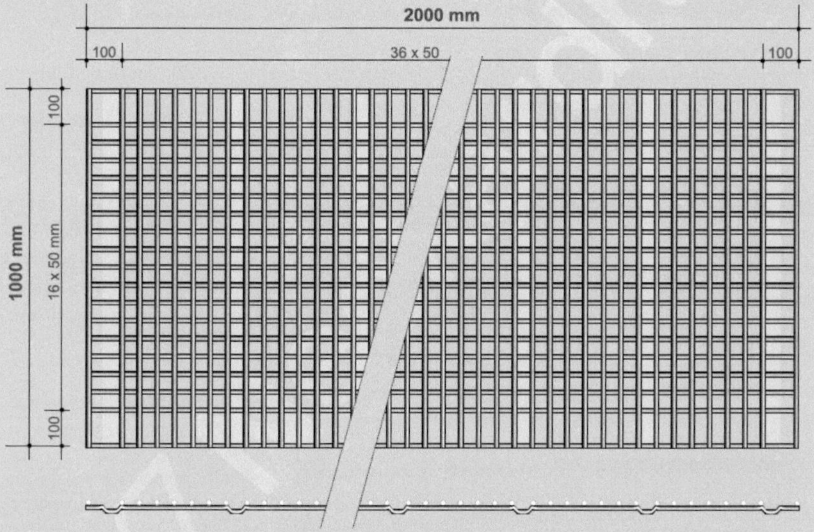


**Verpackung auf Einwegholzpaletten**

Für Rückfragen und Angebote stehen wir Ihnen gerne jederzeit zur Verfügung - sprechen Sie uns an.

**best gmbh marketing services**
Friedrichstraße 16
69412 Eberbach
Deutschland
Tel.: +49 (0) 6271 / 82-201
Fax: +49 (0) 6271 / 82-206
michael.feiss@best-gmbh.net
www.best-gmbh.net

Neckardraht

Stand: März 2006

# Estrichgitter ohne Abstandhalter Typ 50

**Drahtstärke:** 1,8 mm nach DIN 177
**Gittergröße:** 2000 x 1000 mm
**500 Gitter pro Palette gebündelt a 20 Stück**
**Ausführung verzinkt** Artikelnummer 213500

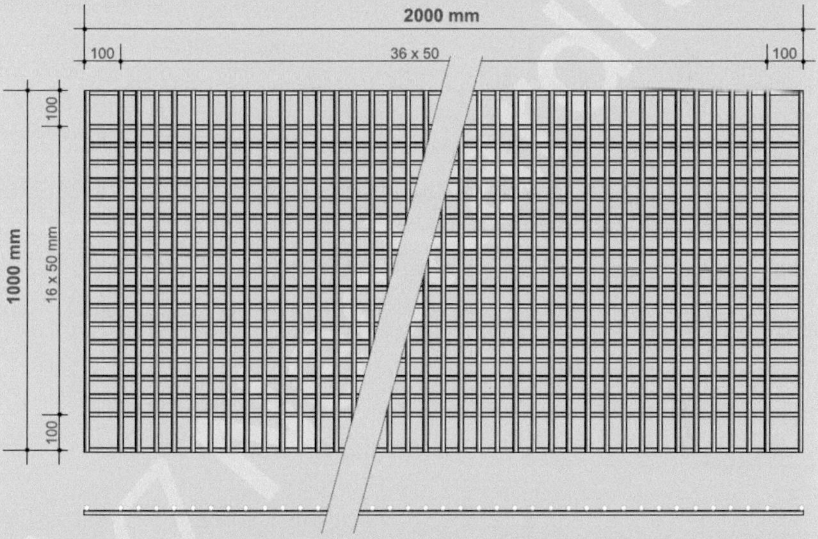


**Verpackung auf Einwegholzpaletten**

Für Rückfragen und Angebote stehen wir Ihnen gerne jederzeit zur Verfügung - sprechen Sie uns an.

**best gmbh marketing services**
Friedrichstraße 16
69412 Eberbach
Deutschland
Tel.: +49 (0) 6271 / 82-201
Fax: +49 (0) 6271 / 82-206
michael.feiss@best-gmbh.net
www.best-gmbh.net

## Anhang 9: Umsatzzahlen 01.01.04 – 30.04.06; Estrichgitter; Marke *Neckardraht*

| Artikel | Absatz (Stück) | Gewicht | Wert | €/t | FV | Frachtkosten | €/t |
|---|---|---|---|---|---|---|---|
| 103544 Estrichgitter, vz, 220400, 2000/1000, gelb | 2.650.800 | 4.373.820 | 3.751.973,36 | 857,83 | 0 | 140.032,92 | 32,02 |
| 103543 Estrichgitter, vz, 215400, 2000/1000, rot | 96.420 | 159.093 | 131.341,68 | 825,57 | 0 | 7.901,91 | 49,67 |
| 134799 Estrichgitter, vz, 220200, 2000/1000 | 11.200 | 18.480 | 13.888,00 | 751,52 | 0 | 0,00 | 0,00 |
| **Summe Typ 50 mit Abstandhalter 2,0 mm** | **2.758.420** | **4.551.393** | **3.897.203** | **2.435** | **0** | **147.935** | **82** |
| 100955 Estrichgitter, bl, 115400, 2000/1000 | 23.600 | 38.940 | 36.710,40 | 942,74 | 0 | 233,57 | 6,00 |
| **Summe Typ 50 ohne Abstandhalter 2,0 mm** | **23.600** | **38.940** | **36.710** | **943** | **0** | **234** | **6** |
| 103545 Estrichgitter, vz, 213400, 2000/1000, blau | 20.400 | 28.152 | 30.712,96 | 1.090,97 | 0 | 364,44 | 12,95 |
| 134248 Estrichgitter, vz, 213500, 2000/1000, blau | 608.019 | 839.066 | 776.998,26 | 926,03 | 0 | 40.809,49 | 48,64 |
| 135388 Estrichgitter, vz, 218500, 2000/1000 | 71.500 | 98.670 | 90.610,00 | 918,31 | 0 | 4.827,79 | 48,93 |
| **Summe Typ 50 ohne Abstandhalter 1,8 mm** | **699.919** | **965.888** | **898.321** | **2.935** | **0** | **46.002** | **111** |
| 103546 Estrichgitter, vz, 211500, 2000/1000, orange | 38.000 | 38.380 | 58.867,60 | 1.533,81 | 0 | 930,49 | 24,24 |
| 134254 Estrichgitter, vz, 211600, 2000/1000, orange | 69.618 | 70.314 | 103.324,20 | 1.469,46 | 0 | 1.212,62 | 17,25 |
| **Summe Typ 50 ohne Abstandhalter 1,6 mm** | **107.618** | **108.694** | **162.192** | **3.003** | **0** | **2.143** | **41** |
| 103548 Estrichgitter, bl, 135400, 2000/1200, weiß | 116.800 | 131.984 | 187.732,66 | 1.422,39 | 0 | 4.643,66 | 35,18 |
| **Summe Typ 75 ohne Abstandhalter 2,0 mm** | **116.800** | **131.984** | **187.733** | **1.422** | **0** | **4.644** | **35** |
| 133775 Estrichgitter, vz, 205400, 800/1200 | 11.200 | 9.296 | 11.289,60 | 1.214,46 | 0 | 0,00 | 0,00 |
| **Summe Sondergitter** | **11.200** | **9.296** | **11.290** | **1.214** | **0** | **0** | **0** |

(Quelle: interne Dokumente)

**Anhang 10: Prospekt Marke *Neckardraht*; Heizungsbaugitter**

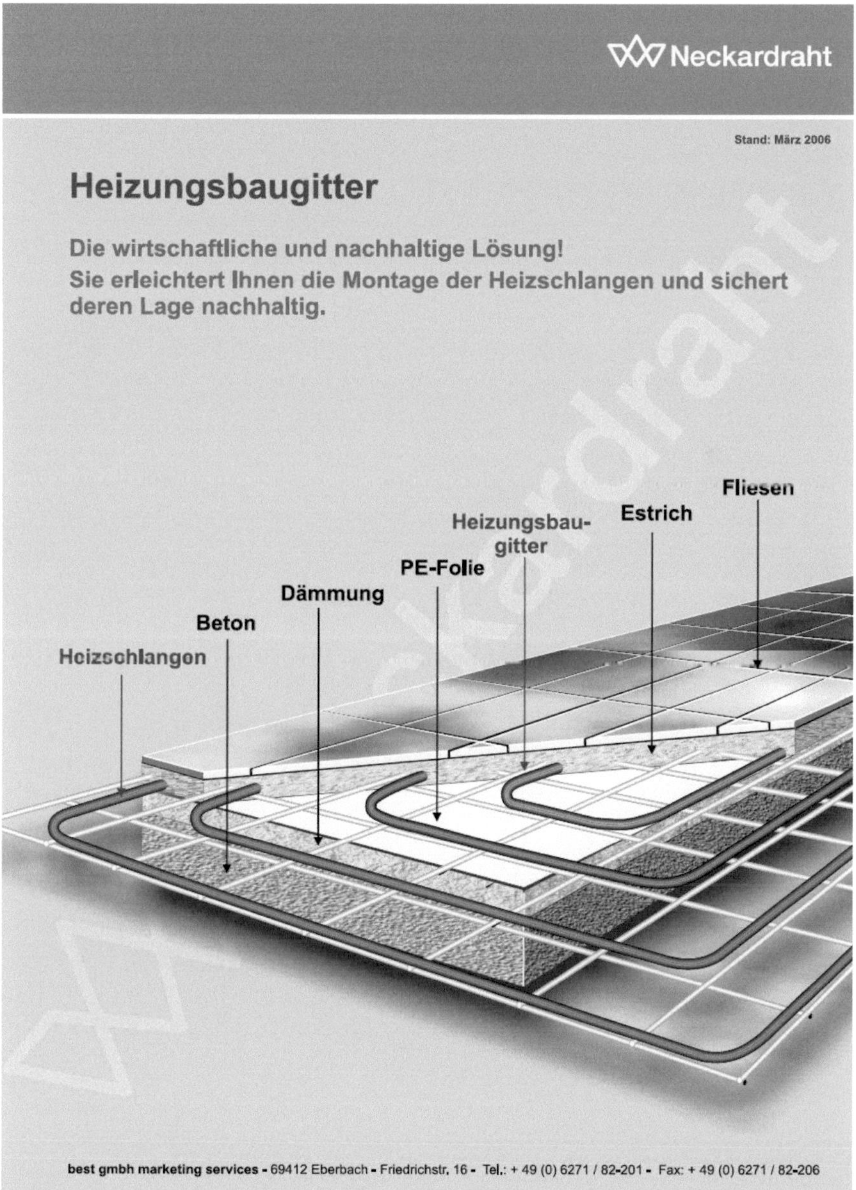

Neckardraht

Stand: März 2006

## Lieferprogramm Heizungsbaugitter

**(Trägergitter für Fußbodenheizungsrohre)**

| Artikel-Nr. | Haupt-Raster [mm] | Drahtstärke [mm] | Gittergröße [mm] | Stückgewicht [kg] | Stück [pro Palette] | m² [pro Palette] | Überstände [mm] |
|---|---|---|---|---|---|---|---|
| 181250 | 50 x 50 | 3,00 | 2150 x 750 | 3,74 | 250 | 403,0 | bis 3,00 |

| Artikel-Nr. | Haupt-Raster [mm] | Drahtstärke [mm] | Gittergröße [mm] | Stückgewicht [kg] | Stück [pro Palette] | m² [pro Palette] | Überstände [mm] |
|---|---|---|---|---|---|---|---|
| 170250 | 100 x 100 | 3,00 | 2000 x 1200 | 2,84 | 250 | 600,0 | bis 3,00 |

| Artikel-Nr. | Haupt-Raster [mm] | Drahtstärke [mm] | Gittergröße [mm] | Stückgewicht [kg] | Stück [pro Palette] | m² [pro Palette] | Überstände [mm] |
|---|---|---|---|---|---|---|---|
| 162250 | 150 x 150 | 3,00 | 2100 x 1200 | 2,05 | 250 | 630,0 | 3,00 |
| 160270 | 150 x 150 | 3,00 | 2250 x 1500 | 2,71 | 270 | 911,0 | 3,00 |

**Oberfläche: blank**
**Weitere Ausführungen auf Anfrage**

Für Rückfragen und Angebote stehen wir Ihnen gerne jederzeit zur Verfügung - sprechen Sie uns an.

**best gmbh marketing services**
Friedrichstraße 16
69412 Eberbach
Deutschland
Tel.: +49 (0) 6271 / 82-201
Fax: +49 (0) 6271 / 82-206
michael.feiss@best-gmbh.net
www.best-gmbh.net

## Anhang 11: Umsatzzahlen 01.01.04 – 30.04.06; Heizungsbaugitter; Marke *Neckardraht*

| Artikel | Absatz (Stück) | Gewicht | Wert | €/t | FV | Frachtkosten | €/t |
|---|---|---|---|---|---|---|---|
| 103566 Heizungsgitter, gt, 381250, 2150/ 750 | 500 | 1.870 | 2.000,00 | 1.069,52 | 0 | 46,54 | 24,89 |
| 103566 Heizungsgitter, gt, 381250, 2150/ 750 | 500 | 1.870 | 2.000,00 | 1.069,52 | 0 | 46,54 | 24,89 |
| 135222 Heizungsgitter, vz, 284090, 2040/1040 | 720 | 6.070 | 6.732,00 | 1.109,13 | 0 | 234,94 | 38,71 |
| **Summe 50x50 mm Hauptraster** | **1.720** | **9.810** | **10.732** | **3.248** | **0** | **328** | **88** |
| 103554 Heizungsgitter, bl, 170250, 2000/1200 | 49.250 | 139.870 | 142.607,50 | 1.019,57 | 0 | 5.664,92 | 40,50 |
| 103564 Heizungsgitter, gt, 370250, 2000/1200 | 11.000 | 31.240 | 33.545,00 | 1.073,78 | 0 | 787,87 | 25,22 |
| 121586 Heizungsgitter, gt, 372250, 2150/1200 | 30.500 | 93.940 | 97.525,00 | 1.038,16 | 0 | 5.617,91 | 59,80 |
| 128884 Heizungsgitter, bl, 191070, 5000/2000 | 4.200 | 59.850 | 42.560,00 | 711,11 | 0 | 629,00 | 10,51 |
| 129882 Heizungsgitter, bl, 171200, 2404/1504 | 3.999 | 21.679 | 17.995,50 | 830,11 | 0 | 863,50 | 39,83 |
| 134127 Heizungsgitter, vz, 270210, 2000/1200 | 3.150 | 8.946 | 8.593,20 | 960,56 | 0 | 342,46 | 38,28 |
| 134162 Heizungsgitter, bl, 171100, 2404/1504 | 4.000 | 21.684 | 16.680,00 | 769,23 | 0 | 1.099,14 | 50,69 |
| 134407 Heizungsgitter, bl, 171250, 2404/1504 | 2.000 | 10.842 | 10.400,00 | 959,23 | 0 | 466,05 | 42,99 |
| 134408 Heizungsgitter, bl, 164250, 2404/1504 | 2.500 | 11.558 | 10.955,00 | 947,87 | 0 | 557,42 | 48,23 |
| 135164 Heizungsgitter, gt, 373250, 2150/1250 | 12.000 | 39.240 | 34.800,00 | 886,85 | 0 | 2.889,53 | 73,64 |
| **Summe 100x100 mm Hauptraster** | **122.599** | **438.848** | **415.661** | **9.196** | **0** | **18.918** | **430** |
| 103553 Heizungsgitter, bl, 162250, 2100/1200 | 61.750 | 126.588 | 123.096,55 | 972,42 | 0 | 5.712,84 | 45,13 |
| 103552 Heizungsgitter, bl, 160270, 2250/1500 | 1.080 | 2.927 | 3.277,80 | 1.119,93 | 0 | 160,78 | 54,93 |
| 103563 Heizungsgitter, gt, 362250, 2100/1200 | 16.250 | 33.313 | 40.680,00 | 1.221,16 | 0 | 1.803,15 | 54,13 |
| 103572 Heizungsgitter, gt, 662250, 2100/1200 | 7.000 | 14.350 | 16.797,50 | 1.170,56 | 0 | 531,63 | 37,05 |
| 125894 Heizungsgitter, vz, 252210, 1950/1200 | 5.880 | 11.231 | 9.937,20 | 884,82 | 0 | 389,63 | 34,69 |
| 127658 Heizungsgitter, vz, 262250, 2100/1200 | 1.000 | 2.050 | 2.750,00 | 1.341,46 | 0 | 68,55 | 33,44 |
| 134570 Heizungsgitter, bl, 120250, 2000/1200 | 10.175 | 15.354 | 14.479,25 | 943,02 | 0 | 787,00 | 51,26 |
| 135150 Heizungsgitter, vz, 262210, 2100/1200 | 13.860 | 28.413 | 24.948,00 | 878,05 | 0 | 1.046,34 | 36,83 |
| 135165 Heizungsgitter, gt, 363250, 2100/1200 | 5.500 | 11.275 | 12.650,00 | 1.121,95 | 0 | 1.714,14 | 152,03 |
| **Summe 150x150 mm Hauptraster** | **122.495** | **245.500** | **248.616** | **9.653** | **0** | **12.214** | **499** |
| 103558 Heizungsgitter, bl, 177180, 2250/1500 | 180 | 936 | 957,60 | 1.023,08 | 0 | 0,00 | 0,00 |
| 103560 Heizungsgitter, bl, 195250, 2261/1130 | 4.000 | 7.800 | 8.840,00 | 1.133,33 | 0 | 339,53 | 43,53 |
| 103561 Heizungsgitter, bl, 196250, 2274/1193 | 2.500 | 7.425 | 7.675,00 | 1.033,67 | 0 | 325,05 | 43,78 |
| **Summe Sonderraster** | **6.680** | **16.161** | **17.473** | **3.190** | **0** | **665** | **87** |

**(Quelle: interne Dokumente)**

## Anhang 12: Materialspezifikationen am Beispiel Federnwerke Marienberg GmbH

| FEDERNWERKE MARIENBERG GmbH SCHERDELGRUPPE | **Materialspezifikation** | Nr.: 20/90-4<br>Datum 19.03.02<br>Seite 1 von 2 |
|---|---|---|

**Stahldraht für PKW-Sitzkomponenten**

**1. Anwendungsbereich**
Der Stahldraht wird zur Herstellung von PKW-Sitzkomponenten eingesetzt.

**2. Bestellbeispiel**
Stahldraht ∅ 4,0 mm C10D schmierblank nach Spezifikation 20/90 - 4

**3. Technische Forderungen**

Für den Stahldraht gelten grundsätzlich EN 10218-1/2 und EN 10016-2.
Nachfolgend werden Ergänzungen und Präzisierungen zu den angegebenen Standards genannt:

**3.1 Abmessungen und zulässige Abweichungen**

∅ 4,0 mm EN 10218 C10D c) Ø 7,0 mm EN10218 C10D
∅ 4,5 mm EN 10218 C10D
∅ 5,0 mm EN 10218 C10D
∅ 6,0 mm EN 10218 C10D

Dickentoleranz - 0,05 mm b)
- 0,10 mm

**3.2 Mechanische und technologische Eigenschaften**

| | | Oberfläche schmierblank | | Oberfläche hellblank,rötlich |
|---|---|---|---|---|
| - Zugfestigkeit: | ∅4,0 mm : | 550 - 650 N/mm² | | 500 – 600 N/mm² |
| | ∅ 4,5 mm : | 600 - 700 N/mm² | | 500 – 600 N/mm² |
| | ∅ 5,0 mm : | 600 - 700 N/mm² | | 500 – 600 N/mm² |
| | ∅ 6,0 mm : | 500 - 600 N/mm² | a) c) | 500 – 600 N/mm² c) |

- Oberfläche: hellblank, rötlich oder schmierblank gezogen, nach DIN 1653, entsprechend Bestellung
  hellblank: leicht geölt, Anrostungen sind unzulässig. Das Öl darf zu keinen Beeinträchtigungen beim Schweißen führen.
  schmierblank: . Verwendung von wasserlöslichen Drahtziehmitteln auf Natriumbasis
  . Schmiermittelauflage max. 1,5 g/m²
- Verwindeversuch entsprechend DIN 17140, glatt
- drallfrei
- schweißbar

| Änderung : | Datum : | Art der Änderung : | Name : |
|---|---|---|---|
| a) | 27.03.02 | Sitzrahmenteil Ø 6,0 mm schmierblank Rm 500 - 700 N/mm² | |
| b) | 09.09.03 | Dickentoleranz neu: - 0,08 mm - 0,10 mm | |
| c) | 04.07.05 | Neu: Ø 7,0 mm aufgenommen Rm 500 - 600 N/mm² | |
| | | | |

| Viertausgabe | erarbeitet : TV | bestätigt : FE1 : Q : W1 | genehmigt : T |
|---|---|---|---|

FB017/06/94 Verteiler: G, FE1, QZ, TE TM, W1

| FEDERNWERKE MARIENBERG GmbH SCHERDELGRUPPE | **Materialspezifikation** | Nr.: 20/90-4<br>Datum: 19.03.02<br>Seite 2 von 2 |
|---|---|---|

**4. Lieferform**

- Coils

| | |
|---|---|
| Innendurchmesser: | 500 - 550 mm |
| Außendurchmesser: | max. 900 mm |
| Ringhöhe: | max. 450 mm |
| Masse: | max. 1000 kg |

- Ablaufsinn

Linksdrehend von oben außen beginnend.
Das Startende ist zu kennzeichnen.

- Abbindungen

Die Abbindungen sind mind. 4fach mittels 30 mm breitem Bandstahl, an denen einseitig jeweils eine Kranöse pro Abbindung eingebunden ist, vorzunehmen.
Während des Transportes dürfen die Abbindungen nicht verrutschen.

- Verpackung

Unverpackt.
Anrostungen sind nicht zulässig.
Es ist ein Etikett an jedem Coil anzubringen, das folgende Angaben enthält:

. Hersteller
. Abmessung
. Güte
. Charge
. Datum der Herstellung

- Abnahmeprüfzeugnis nach EN 10204 - 3.1 B mit folgenden Angaben:

. Abmessung
. Analyse
. Zugfestigkeit

**(Quelle: interne Dokumente)**

## Anhang 13: Konsum pro Département und Region 2005

| Départements | Nombre de ménages* | Budget par ménage en euros | Consommation ** (en milliers d'euros) |
|---|---|---|---|
| 09 ARIÈGE | 60 034 | 629 | 37 773 |
| 12 AVEYRON | 110 461 | 565 | 62 417 |
| 16 CHARENTE | 142 629 | 642 | 91 551 |
| 17 CHARENTE-MARITIME | 259 490 | 603 | 156 513 |
| 19 CORRÈZE | 100 251 | 575 | 57 666 |
| 24 DORDOGNE | 169 422 | 613 | 103 801 |
| 31 HAUTE-GARONNE | 524 050 | 559 | 292 793 |
| 32 GERS | 72 896 | 630 | 45 911 |
| 33 GIRONDE | 601 010 | 609 | 365 936 |
| 40 LANDES | 147 184 | 637 | 93 821 |
| 46 LOT | 72 187 | 605 | 43 677 |
| 47 LOT-ET-GARONNE | 132 414 | 606 | 80 287 |
| 64 PYRÉNÉES-ATLANTIQUES | 267 185 | 564 | 150 637 |
| 65 HAUTES-PYRÉNÉES | 94 230 | 533 | 50 195 |
| 81 TARN | 145 307 | 613 | 89 119 |
| 82 TARN-ET-GARONNE | 89 335 | 627 | 55 981 |
| **SUD-OUEST** | **2 988 085** | **595** | **1 778 078** |
| 14 CALVADOS | 276 997 | 639 | 176 921 |
| 22 CÔTES-D'ARMOR | 239 911 | 592 | 141 962 |
| 29 FINISTÈRE | 374 026 | 582 | 217 522 |
| 35 ILLE-ET-VILAINE | 393 521 | 561 | 220 864 |
| 44 LOIRE-ATLANTIQUE | 511 395 | 613 | 313 645 |
| 49 MAINE-ET-LOIRE | 308 407 | 606 | 186 800 |
| 50 MANCHE | 199 840 | 651 | 130 050 |
| 53 MAYENNE | 119 880 | 608 | 72 839 |
| 56 MORBIHAN | 292 593 | 594 | 173 692 |
| 61 ORNE | 118 760 | 641 | 76 155 |
| 72 SARTHE | 223 944 | 629 | 140 760 |
| 79 DEUX-SÈVRES | 142 645 | 644 | 91 924 |
| 85 VENDÉE | 241 292 | 644 | 155 341 |
| **OUEST** | **3 443 211** | **609** | **2 098 476** |
| 02 AISNE | 206 827 | 658 | 136 173 |
| 27 EURE | 223 554 | 690 | 154 141 |
| 59 NORD | 982 088 | 627 | 616 045 |
| 60 OISE | 299 818 | 674 | 202 156 |
| 62 PAS-DE-CALAIS | 549 159 | 656 | 360 167 |
| 76 SEINE-MARITIME | 504 648 | 624 | 314 954 |
| 80 SOMME | 220 078 | 693 | 152 443 |
| **NORD** | **2 986 172** | **648** | **1 936 079** |
| 04 ALPES-DE-HAUTE-PROVENCE | 64 605 | 635 | 41 018 |
| 05 HAUTES-ALPES | 55 981 | 560 | 31 348 |
| 06 ALPES-MARITIMES | 488 696 | 502 | 245 116 |
| 11 AUDE | 142 720 | 665 | 94 962 |
| 13 BOUCHES-DU-RHÔNE | 783 580 | 592 | 463 665 |
| 20 CORSE | 112 950 | 544 | 61 457 |
| 30 GARD | 286 814 | 662 | 189 746 |
| 34 HÉRAULT | 452 955 | 608 | 275 503 |
| 48 LOZÈRE | 31 024 | 672 | 20 859 |
| 66 PYRÉNÉES-ORIENTALES | 192 398 | 644 | 123 986 |
| 83 VAR | 434 286 | 599 | 260 287 |
| 84 VAUCLUSE | 218 142 | 698 | 152 210 |
| **SUD-EST** | **3 264 151** | **601** | **1 960 158** |

| | | | | |
|---|---|---|---|---|
| 08 | ARDENNES | 111 054 | 630 | 69 944 |
| 10 | AUBE | 120 356 | 637 | 76 720 |
| 25 | DOUBS | 209 290 | 688 | 143 907 |
| 39 | JURA | 106 369 | 686 | 72 936 |
| 51 | MARNE | 230 773 | 603 | 139 045 |
| 52 | HAUTE-MARNE | 74 735 | 619 | 46 263 |
| 54 | MEURTHE-ET-MOSELLE | 294 940 | 681 | 200 927 |
| 55 | MEUSE | 75 733 | 712 | 53 949 |
| 57 | MOSELLE | 397 343 | 711 | 282 546 |
| 67 | BAS-RHIN | 436 741 | 707 | 308 898 |
| 68 | HAUT-RHIN | 293 201 | 695 | 203 838 |
| 70 | HAUTE-SAÔNE | 92 786 | 738 | 68 512 |
| 88 | VOSGES | 152 550 | 709 | 108 186 |
| 90 | BELFORT | 58 107 | 636 | 36 966 |
| | **EST** | **2 653 978** | **683** | **1 812 637** |
| 18 | CHER | 130 315 | 627 | 81 661 |
| 28 | EURE-ET-LOIR | 166 598 | 671 | 111 802 |
| 36 | INDRE | 97 989 | 634 | 62 151 |
| 37 | INDRE-ET-LOIRE | 244 225 | 651 | 159 090 |
| 41 | LOIR-ET-CHER | 135 942 | 655 | 88 985 |
| 45 | LOIRET | 268 755 | 677 | 181 894 |
| 21 | CÔTE-D'OR | 217 309 | 604 | 131 347 |
| 58 | NIÈVRE | 95 322 | 608 | 57 978 |
| 71 | SAÔNE-ET-LOIRE | 224 596 | 606 | 136 037 |
| 89 | YONNE | 140 997 | 639 | 90 146 |
| 86 | VIENNE | 177 683 | 593 | 105 365 |
| 23 | CREUSE | 51 579 | 590 | 30 455 |
| 87 | HAUTE-VIENNE | 156 551 | 558 | 87 368 |
| | **CENTRE** | **2 107 861** | **628** | **1 324 279** |
| 01 | AIN | 227 250 | 789 | 179 197 |
| 03 | ALLIER | 147 847 | 684 | 101 096 |
| 07 | ARDÈCHE | 124 746 | 759 | 94 645 |
| 15 | CANTAL | 61 452 | 726 | 44 595 |
| 26 | DRÔME | 192 599 | 752 | 144 781 |
| 38 | ISÈRE | 474 611 | 738 | 350 447 |
| 42 | LOIRE | 295 895 | 680 | 201 202 |
| 43 | HAUTE-LOIRE | 88 882 | 766 | 68 056 |
| 69 | RHÔNE | 693 369 | 672 | 465 753 |
| 63 | PUY-DE-DÔME | 265 129 | 749 | 198 462 |
| 73 | SAVOIE | 171 266 | 681 | 116 566 |
| 74 | HAUTE-SAVOIE | 295 464 | 696 | 205 786 |
| | **CENTRE EST** | **3 038 510** | **714** | **2 170 586** |
| 75 | PARIS | 1 103 247 | 417 | 460 197 |
| 77 | SEINE-ET-MARNE | 503 818 | 763 | 384 169 |
| 78 | YVELINES | 533 835 | 753 | 401 973 |
| 91 | ESSONNE | 452 316 | 785 | 354 949 |
| 92 | HAUTS-DE-SEINE | 653 860 | 535 | 349 959 |
| 93 | SEINE-SAINT-DENIS | 540 957 | 632 | 341 736 |
| 94 | VAL-DE-MARNE | 513 138 | 616 | 316 018 |
| 95 | VAL-D'OISE | 429 738 | 775 | 333 138 |
| | **ÎLE-DE-FRANCE** | **4 730 909** | **622** | **2 942 139** |
| | **TOTAL MÉTROPOLE** | **25 212 877** | **635** | **16 022 433** |

* Estimation Chambres de Commerce et d'Industrie
** Consommation par département et par région - Méthode de calcul - Budget local par ménage en euros = Budget national par ménage en euros (Source Cetelem) X Indice de disparité de consommation locale (Source ACFCI). Consommation en milliers d'euros = Budget local par ménage en euros X Population des ménages.

**(http://www.observateur-cetelem.com/observateur/2006/pdf/ctlmobs_marches_06.pdf; 17.07.06)**

## Anhang 14: Zeit- und Kostenanalyse für den Außendienst

**ZEIT- UND KOSTENANALYSE FÜR DEN AUSSENDIENST**

| VORGABEN: | | |
|---|---|---|
| Besuchsvorgabe pro Tag | 3,0 | Besuche |
| Arbeitszeit pro Reisetag | 10 | Std. |
| Fahrleistung p.a. | 40.000 | km p.a. |
| Durchschnittsgeschwindigk. | 60 | km/h |
| KFZ-Kostensatz | 0,50 | € / km |
| Sozialkostensatz | 42% | Prozent |

| | | |
|---|---|---|
| Tage | 365 | |
| ./. Wochenenden | -104 | |
| ./. Urlaub und Feiertage | -38 | |
| ./. Sonderurlaub, Krankheit | -3 | |
| ./. Stammhaus | -6 | |
| ./. Regionalbüro (40 x 0,5) | -20 | |
| ./. Tagungen | -2 | Gesamtzahl Besuche |
| ./. Sonstiges, Seminare etc. | -2 | gemäß Vorgabe |
| **Besuchstage** | 190 | **570** |

| | | |
|---|---|---|
| Arbeitszeit p.a. | 1900 | Stunden |
| Reisezeit p.a. | -667 | Stunden |
| ./. Pausen, Staus, Ausfälle | -200 | Stunden |
| **verkaufsaktive Zeit p.a.** | 1033 | Stunden |

| | | |
|---|---|---|
| AD-Einkommen fix+variabel | 75.000,00 € | *Kosten pro* |
| Sozialkosten | 31.500,00 € | *Reisetag:* |
| KFZ-Kosten | 20.000,00 € | 855,26 € |
| Spesen, Kommunikation | 24.000,00 € | *Kosten pro* |
| sonstiges | 12.000,00 € | *Besuch:* |
| **Bruttokosten gesamt** | 162.500,00 € | 285,09 € |
| | | *Kosten pro Besuchsstunde:* |
| | | 157,26 € |

**(Quelle: Winkelmann; Marketing und Vertrieb; 2006; S. 293)**

## Anhang 15: Kundenkontaktkosten

| KUNDENKONTAKTKOSTEN | |
|---|---|
| Rundfunk-Spot | 0,002 € |
| ganzseit. Anzeige | 0,006 € |
| TV-Spot | 0,008 € |
| Anzeige Fachzeit. | 0,025 € |
| Mailing | 1,50 € |
| Telemarketing | 5,00 € |
| individueller Brief | 38,00 € |
| Messekontakt | 150,00 € |
| Kundenbesuch | 130,00 € |

*(Quelle: Dannenberg, 1997, S. 23 und Deutsche Post 2003)*

**(Quelle: Winkelmann; Marketing und Vertrieb; 2006; S. 330)**